蒙新区草盲蝽复合组昆虫研究

李媛媛 著

中国农业科学技术出版社

图书在版编目（CIP）数据

蒙新区草盲蝽复合组昆虫研究 / 李媛媛著 . —北京：中国农业科学技术出版社，2016. 7

ISBN 978 -7 -5116 -2635 -6

Ⅰ. ①蒙…　Ⅱ. ①李…　Ⅲ. ①盲蝽科 - 研究 - 中国　Ⅳ. ①Q969. 35

中国版本图书馆 CIP 数据核字（2016）第 138354 号

责任编辑　徐定娜　郑　瑛
责任校对　马广洋

出 版 者　中国农业科学技术出版社
北京市中关村南大街 12 号　邮编：100081
电　　话　（010）82105169（编辑室）　（010）82109702（发行部）
（010）82109709（读者服务部）
传　　真　（010）82109707
网　　址　http://www. castp. cn
经 销 者　各地新华书店
印 刷 者　北京科信印刷有限公司
开　　本　710 mm×1 000 mm　1/16
印　　张　10
字　　数　180 千字
版　　次　2016 年 7 月第 1 版　2016 年 7 月第 1 次印刷
定　　价　36. 00 元

前　　言

蒙新区东起大兴安岭西麓，往西沿燕山山脉，阴山山脉、黄土高原北部、甘肃祁连山、新疆昆仑山一线，直至新疆西缘国境线。包括内蒙古高原、鄂尔多斯高原、阿拉善沙漠、河西走廊、柴达木盆地、塔里木盆地、准噶尔盆地和天山山地等。境内大部分地区为典型的大陆性气候，属草原和荒漠生态环境。寒暑变化大，昼夜和季节温差剧烈，雨量少而干旱。

草盲蝽复合组（*Lygus* complex）在半翅目异翅亚目（Hemiptera；Heteroptera）的分类中隶属盲蝽科（Miridae）盲蝽亚科（Mirinae）盲蝽族（Mirini）。盲蝽族为盲蝽亚科中包含属、种最多的族，世界性分布。

盲蝽族昆虫体为中型或小型，质地比较脆弱。体色多样，有灰暗、黄、褐、黑色至鲜艳的绿、橙、红色等，有些种类具有鲜明的花斑。体一般长椭圆形或椭圆形，部分种类体两侧近平行。触角多数短于体长，第一节短于头长与前胸背板长之和。前胸背板前端具明显的领。前翅常有长翅型或短翅型（雌虫）之分，长翅型分革片、爪片、楔片及膜片，膜片基部有 2 个封闭的小室。足一般细长，跗节 3 节，后足第一跗节短于第二、第三节之和。爪有明显的垫状爪垫，副爪间突（parempodium）片状，向两侧分歧，呈“八”字形。雄虫生殖节圆锥形，位于腹部末端，有些种类向一侧弯曲，不对称。阳茎构造属 Mirinae 型，阳茎端膜囊上常有各种刺状、针状、片状等骨化构造。雌虫腹部末端为产卵器，其基本构造同其他盲蝽科昆虫。

蒙新区东西跨度大、幅员辽阔，自然条件复杂，植被虽以草原和荒漠为主，但在其周缘及山地也有森林植被和零星林地。目前，虽然一些学者对于草盲蝽复合组昆虫已经提出了准确的属级分类地位，但在此复合组中仍有许多已知并未描述的种类需要进一步分类学上的系统研究。笔者在攻读硕士和工作期间的 12 年里，对草盲蝽复合组昆虫进行了较为广泛的采集，并在前人工作的基础上，对内蒙古师范大学生命科学与技术学院数十年积累的草盲蝽复合组昆虫标本以及内蒙古民族大学农学院昆虫标本室的草盲蝽复合组昆虫标本进行了分类学研究。对草盲蝽复合组昆虫进行形态学描述，对各个物种在蒙新区的分布情况、寄主和生物学特性等进行了记述，现已确定我国蒙新区草盲蝽复合组昆虫 5 属 34 种，其中包括 1 个新种。书中提供 57 幅图片，可帮助读者初步认识草盲蝽复合组昆虫的基本形态特征。本书由国家自然科学基金项目资助（项目编号：31301922）。

希望通过这本书，帮助本科相关专业学生、植物保护工作者、科技工作者以及昆虫爱好者了解蒙新区草盲蝽复合组昆虫资源的基本概况。但由于作者水平有限，标本和相关资料收集可能不是十分齐全，书中难免存在疏漏和不当之处，恳请读者批评指正。

李媛媛

2016 年 5 月 16 日

目　　录

第一章　蒙新区自然与经济概况

第一节　蒙新区定义

蒙新区是中国动物地理区划中的一个分区，东起大兴安岭西麓，西沿燕山、阴山山脉、黄土高原北部、甘肃祁连山、新疆维吾尔自治区昆仑山一线，直至新疆西缘国境线，包括内蒙古高原、鄂尔多斯高原、阿拉善沙漠、河西走廊、柴达木盆地、塔里木盆地、准噶尔盆地和天山山地等（张荣祖，1999），包括内蒙古自治区、新疆、宁夏回族自治区、甘肃西北、山西和陕西北部①。

依据张荣祖关于中国动物地理区划及生态地理动物群的关系的研究，蒙新区分为东部草原亚区、西部荒漠亚区和天山山地 3 个亚区。

东部草原亚区Ⅰ：气候半干旱；植被干草原。

西部荒漠亚区Ⅱ：气候干旱；植被半荒漠、荒漠。

天山山地亚区Ⅲ：气候半湿润—半干旱；植被山地森林—森林草原。

第二节　蒙新区自然概况

蒙新区东西跨度大、幅员辽阔，自然条件复杂，植被虽以草原和荒漠为主，但在其周缘及山地也有森林植被和零星林地。境内大部分地区为典型的大陆性气候，属草原和荒漠生态环境。荒漠中的山地则出现森林与草原。水量稀少，为全国最干旱的地区。东南部为半干旱区，水量较多，年降水量在 450 mm 以下，为草原地带。西北部为干旱区，年降水量在 100 ~ 150 mm 以下，为荒漠和半荒漠地带。极度干旱的地方，年降水量仅为 30 ~ 50 mm 或

---

① 内蒙古自治区、新疆维吾尔自治区、宁夏回族自治区、西藏自治区、广西壮族自治区，全书分别称为内蒙古、新疆、宁夏、西藏、广西。

更少。年降水量变率很大，有时全年无雨，蒸发强烈，常有强风，温度日差较大。寒暑变化大，昼夜和季节温差剧烈，夏季昼夜温差达 30～40 ℃。

植被东部为草原，向西逐渐变为半荒漠以至荒漠。区内有大片砾质荒漠和沙漠，虽有山脉横亘其间，但自然景色十分开阔。境内动物差不多都是适应于干旱气候的种类。有些种的分布，几乎遍及全境，生态适应性十分突出，如爬行类中的沙蜥、鸟类中的鸨和沙鸡以及兽类中的跳鼠和沙鼠等最为典型。特有种和特有类群较多。

从整个欧亚大陆来看，我国蒙新高原区和中亚干旱区是耐湿动物分布颇为明显的障碍。在两栖类中只是极少数种的分布，局限于境内经常有较丰富的淡水水源的地方。鸟兽中耐湿动物仅见于山地森林和山地或河谷草甸带如天山山地和伊犁河谷。而阿尔泰山地森林带动物，在种以上的成分，大都与大兴安岭相同，属于亚洲北部寒温带针叶林类型。

蒙新高原湿度条件的地区差异，对于动物分布的影响，远比温度要大。东部的干草原地带和西部的荒漠地带，动物区系的组成和生态适应，均有明显的差别，故在区划上分属两个亚区。两者之间则有过渡的半荒漠类型。而新疆北部和南部，虽分属温带和暖温带，并有天山分隔。但动物区系和生态特征的差别显然较小。然而，东部干草原中往往出现荒漠成分，特别在沙漠化环境，如兽类中的三趾跳鼠、大沙鼠，爬行类中的沙蜥属等。同样，西部荒漠边缘的山地草原上，往往有草原的成分，如黄鼠属、旱獭属等。这一现象反映区内某些动物在全区范围内有较强的扩散能力，但对栖息地却有较明显的依赖性。

本区干旱的气候，荒漠和草原为主的植被条件，对动物区系的组成和生态特征都有显著的影响。动物种类贫乏，缺乏生活于潮湿地区的种类，主要是适应于荒漠和草原种类，尤其是以啮齿类和有蹄类最为繁盛，具有不少仅为本区所特有的种类。啮齿类中以跳鼠科和沙鼠亚科为最典型，它们的绝大部分种类，在国内的分布仅限于本区。如五趾跳鼠、三趾跳鼠、长爪沙鼠等。此外，松鼠科的黄鼠、旱獭，鼠兔科的达乌尔鼠兔，兔科的蒙古兔，仓鼠亚科的毛蹠鼠等。它们都营地下穴居生活，对干旱的适应能力很强，毛色多浅淡，呈砂土色，并无鲜明的色彩或斑纹，在缺乏掩蔽条件的开旷地区，这种单调的砂土色起保护色的作用。跳鼠科动物具有特长的尾和后肢，能在飞沙中迅速地跳跃。足底具有毛垫，在沙漠中不致下陷。许多种类有冬眠的习性，如旱獭、跳鼠、黄鼠等，其他种类则有冬季储粮的习惯，鼠兔与沙鼠皆能大量储粮，对农田和牧场有相当的为害。本区的有蹄类中最引人注意的是野马和野生双峰驼。野马目前可能只分布在准噶尔盆地东部的荒漠和半荒漠中，但是否还残存，仍属国际间所关注的问题。残存于本区的野骆驼为重点保护对象，为目前世界上仅存的野生种。野驴和黄羊的分布较广，赛加羚羊仅分布于准噶尔盆地。这些有蹄类在开旷的环境条件下均有迅速奔跑的能力，并且常集结成群作长距离的迁徙。食肉目中除在国内分布广泛的狼、狐、黄鼬、艾鼬、银鼠外，还有沙狐、兔狲、虎鼬等为本区特有的种类，但数量不多。鸟类方面也以适应荒漠生活为其特征，典型代表有鸨科的大鸨（地鹋）、沙鸡科的毛腿沙鸡、百灵科的沙百灵等。本区鸟多做巢在地上，有些鸟类利用啮齿类之废弃洞或与鼠类共居，即“鸟鼠同穴”现象。如沙百灵与雪雀常利用黄鼠的洞穴营巢，鸟鼠同穴相处，也是在荒漠地带的一种特殊适应。爬行类中的蜥蜴在本区有广泛的分布，种类和数量均多，最常见的是沙蜥和麻蜥。两栖类在本区特别贫乏，只存在花背蟾蜍一种，在草原和荒漠中有较广泛的分布。

有关本区陆栖脊椎动物分布的专著，最主要的，早期有《新疆南部的鸟兽》、《新疆啮齿动物志》、《新疆北部啮齿动物的分类和分布》、《北疆蛇类初步调查》、《新疆蜥蜴调查》、《内蒙古啮齿动物》，近年有《新疆脊椎动物简志》、《新疆的鸟类区系与动物地理区划》（未刊）和《内蒙古自治区两栖爬行动物及地理区划》等。

在本区内分布的陆栖脊椎动物，最主要的是中亚型和北方类型的成分，两种成分的偏重，不同类群各不相同。爬行类和兽类以中亚干旱型成分为多。两栖类和鸟类以北方型成分为多，完全缺乏南中国型。

广泛分布于全区，堪称为荒漠—草原的代表种类；在爬行类中只有古北型的白条锦蛇沿比较湿润的草原（东部）和山地（西部），扩展其分布，而见于本区的东西两端。在鸟类中如草原雕、秃鹫、白头雕、反嘴鹬、毛腿沙鸡和沙鹏，小沙百灵还向华北区和青藏区伸展。在兽类中有子午沙鼠、五趾跳鼠和三趾跳鼠等。

区内，东部草原和西部荒漠的区系分化，比较明显。两种原羚在区内呈明显的地区替代：黄羊分布于东部；蒲氏原羚分布于阿拉善柴达木。黄羊的分布界线，基本上与干草原一致。鹅喉羚的分布界线与荒漠、半荒漠大体相似。它们在冬季常作长距离迁徙，觅找无雪或薄雪草场。此时，两种羊在中部便有混群现象。东西两部分成分，在中部半荒漠地带的重叠分布，还可举鸟类中的蒙古百灵（草原—半荒漠）、黑顶麻雀和黑尾地鸦（荒漠—半荒漠）的分布为例。在西部，还呈现东南（阿拉善—塔里木）和西北（准噶尔—吉尔吉斯）的区域分异，可以长耳跳鼠及草原兔尾鼠为例。

柴达木海拔在3 000 m以上，地形上属青藏高原的一部分，有一些高地型的成分，如雪鸽、棕头鸥、灰尾兔、松田鼠、黑唇鼠兔和藏原羚等，使柴达木动物区系具有蒙新区向青藏区过渡的特征。

本区天山山地、西部边界山地和北部阿尔泰的山地气候—植被条件相对优越，形成干旱环境中“绿洲”。不少在欧亚北部森林及森林草原的成分，包括少数全北型成分的分布区南缘，沿这些山地伸展，又吸引了不少夏候鸟，而使这些山地同时具有中亚干旱区和北方森林及森林草原的某些代表成分。

本区再分为3个亚区：东部草原亚区、西部荒漠亚区和天山山地亚区。

一、东部草原亚区

自大兴安岭南端至内蒙古高原东部边缘为东界。在河套地区，界线略向西弯曲，由于一些华北区或南方种类，如莫氏田鼠、大仓鼠、鳖和社鼠等在黄河沿岸，稍向西伸入。西界约为草原与半荒漠分界线。本亚区动物区系主要由典型的草原成分（中亚型的东部成分）所组成。兽类中的代表种类有达乌尔猬、黄羊、草原旱獭、布氏田鼠、长爪沙鼠和达乌尔鼠兔。此外，还有一些分布在东南部较为湿润地区的种类。它们是黑线仓鼠、草原鼢鼠、中华鼢鼠、狭颅田鼠、莫氏田鼠和大林姬鼠。本亚区与西部亚区各地区的关系，从共有种来看，与以准噶尔为主的北疆地区比较密切。特别是啮齿类，如长尾仓鼠、短尾仓鼠、毛蹠鼠、赤颊黄鼠、鼹形田鼠、五趾跳鼠、羽尾跳鼠、地兔等。这一分布格局可能与阿尔泰山及天山之间有一经蒙古而伸入我国内蒙古的自然通道有关，同时，两地气候条件同属中温带。显然，它们的分布避开了暖温带。

干草原自然环境比较单纯，植被以几种针茅、羊草、赖草、冰草、芨芨草和蒿属等为主，景色开阔。动物的组成显较森林及森林草原地带为简单。兽类中以草本植物绿色部分为食的啮齿类，特别繁盛，大多是群聚性动物。在景色开阔的草原上，啮齿动物发展了洞穴生活的能力；有蹄类具有迅速奔跑的能力，两者均有利于躲避食肉兽和猛禽等天敌的袭击。鸟类中有利用鼠洞栖居的现象，亦为对草原生活的适应。草原气候的特点，对动物生态有重要的意义。生长季短促，寒冷期较长，加以春季干旱是动物繁殖期集中、冬眠和贮藏习性突出的外在因素。气温日较差大，变化急剧和降水率变大，均易于引起突然的自然灾害，致使草场产草量丰欠不均，对动物生存不利，是草原啮齿类动物数量年变化很大的一个重要的原因。有蹄类为觅找饲料常作长距离迁徙。从东向西，草原气候的上述特点，愈趋极端，植被条件逐渐变劣，动物的上述习性，更为突出。

草原上的有蹄类，以黄羊最具代表性，前已述及。在历史上有过数以千计的集群，20 世纪 60 ~ 70 年代曾遭过度猎杀，现在数量蕴藏已明显下降，难以遇到大的集群，被列入国家二类保护动物。季风区常见的狍，可出现于大兴安岭南部局部林灌地带。食肉兽中以黄鼬、艾鼬、沙狐、狐、兔狲、虎鼬和香鼬等最常见。它们对压制草原啮齿类有一定的作用。草原灭鼠对食肉类数量有明显影响，如沙狐在大规模灭鼠的次年，收购量即大为下降。

草原啮齿类动物，以田鼠、鼢鼠、黄鼠、旱獭和鼠兔等属中的少数种类为主要成分。据报告整理，在区内各地均属共有的种类，其种数以中部最多，东部次之，西部殿后。因各地栖息地条件不尽相同，组成及优势种的区域变化比较明显。最突出的是两种田鼠—布氏田鼠和狭颅田鼠。布氏田鼠，几乎分布于整个内蒙古干草原，在许多地区均为优势种，营群聚生活，可以形成极高数量的种群，洞穴非常密集，特别在退化草场。有些地方，每公顷鼠洞高达 3 000 ~6 000个，甚至上万，严重地破坏草场，从而也破坏了鼠类自身的生活条件。自身生活条件的破坏，灾害性的气候（寒冷少雪、大雪早溶、暴雨和干旱等）、产草量的年变化和种群本身的疾病，均可使草原田鼠大量死亡和迁移。因此，数量常常剧烈波动，对草原的为害“此起彼伏”。狭颅田鼠主要分布于针叶林带，在草原带东部比较湿润的环境中，数量亦很高，波动也大。两种田鼠，有些地方可同时存在。但据近年调查由于草原退化（沙漠化）有所增长，草本植物生长稀疏和短矮，有利于布氏田鼠的繁殖，因而布氏田鼠逐渐排斥狭颅田鼠成为优势，并扩大其栖息的范围。数量居次的是草原鼢鼠、达乌尔黄鼠、达乌尔鼠兔和草原旱獭等。前三者栖于多种类型的草场，大多以退化草场的数量最高。草原鼢鼠，以家族相聚，过地下生活。其他两种均为群聚性鼠类。草原旱獭是与山地草原有密切关系的种，主要分布在北部低山丘陵地区。近年来，他们的栖息地还向大兴安岭西南麓森林砍伐后的草坡扩展。黑线毛蹠鼠是草原的代表，但一般不形成优势。这些种类的数量波动，没有两种田鼠那么剧烈。从东北向西南，随着气候干旱程度的加深，出现荒漠草原代表种，如长爪沙鼠和小毛蹠鼠等。长爪沙鼠在本带西部的局部沙荒地和轻度盐碱化地区，数量较高，在新垦地区，往往代替达乌尔黄鼠，成为优势种，为害垦荒地作物。主要分布于中亚干旱地区的三趾跳鼠和五趾跳鼠，在草原上数量不多。主要分布于东北东部森林草原及黄土高原的黑线仓鼠，在本带亦甚为常见，但几乎在各地都不形成优势，主要栖息于相对湿润的环境。主要分布于温带森林带的大林姬鼠和东方田鼠亦可沿大兴安岭西麓南部的湿润环境伸入本带。在草原的林灌环境还有花鼠栖息，但数量不多。带内的丘陵地区还栖息有主要属于山地草原的平颅高山鼾和蒙古鼠兔等。所以，草原动物群，在近缘及局部地区是比较复杂的。啮齿动物的活动，除啃食草类影响产草量外，频繁的挖掘活动，形成许多土质贫瘠的土丘，显著地破坏草地，干扰植被的正常演替。开始土丘上只生长质量低劣的草，要在相当长的时期内，才能恢复到原来植被。但往往在植被恢复到一定阶段时，又被鼠类再次破坏，再次沦为土丘，形成恶性循环。这种地方进一步恶化而丧失栖息条件时，鼠类即转向他处集中活动，草场才能进入恢复阶段。上述各种鼠类中，黄鼠和旱獭进行冬眠，其他则贮存干草越冬，消耗草量更甚。因而草原鼠类的大量繁殖是草原局部性退化的一个重要原因。

据调查研究，在内蒙古草场的主要害鼠，自东向西呈规律的变化，在本亚区境内分东西两部分。

东部（陈巴尔虎旗—锡林郭勒盟—鄂尔多斯东部）草甸草原：狭颅田鼠与草原鼢鼠；

西部（呼伦贝尔—锡林郭勒）典型干草原：布氏田鼠与达乌尔鼠兔。

温带草原动物群与我国西部高山草原动物群有密切的关系，不但具有不少共同的或相近的区系成分，生态习性也很相似，最为典型的是达乌尔鼠兔和中华鼢鼠。

本亚区的鸟类，在繁殖鸟中以北方类型为主，其次是中亚型，冬候鸟则全为北方类型，过境旅鸟为在蒙新区中之最。

草原上鸟类的种类和数量均不多，广泛分布而又最常见，在多种生境中均为优势种的有云雀、角百灵、蒙古百灵、穗即鸟、沙鹏等。其中只有蒙古百灵为本亚区的特有种。在沙丘地区沙百灵亦可成为优势。草原东部、鸟类组成比较复杂，有一些季节性迁来或路过的鸟类，如黄胸鹀、灰头鹀和白腰雨燕等，在某些生境中也占重要地位。草原上最引人注意的是大鸨和毛腿沙鸡。它们以草食为主，善于在开阔的地面奔走。草原中的水域及其附近，是鸟类最丰富的地方。夏季，白骨顶常大量聚集，成为优势种。其他如大苇莺、凤头麦鸡、苍鹭、鸥类、田鹨、翘鼻麻鸭、罗纹鸭、琶嘴鸭、花脸鸭、鸿雁、疣鼻天鹅等亦迁来繁殖。几种鹤（灰鹤、白枕鹤、丹顶鹤、蓑羽鹤）夏初开始迁来繁殖。草原上的山地很少山势起伏不大，但山地环境为鸟类提供了较多的栖息环境。例如在大青山地区，鸟类于不同高度的不同环境中形成不同的生态类群。在开阔的草原上，鸟类在地面营巢，翘鼻麻鸭还可利用旱獭的废弃洞穴产卵繁殖。主要依赖啮齿动物为食的猛禽以鸢、金雕、雀鹰、苍鹰等比较常见。

草原上的爬行动物，蜥蜴中以丽斑麻蜥、山地麻蜥、密点麻蜥和草原（榆林）沙蜥比较常见。蛇类中，白条锦蛇、红点锦蛇和虎斑游蛇是草原上的优势种。黄脊游蛇在北部甚为常见。蝮蛇也很普遍。两栖类中只有花背蟾蜍比较普遍，数量较多。其次是中国林蛙和黑斑蛙。由于气候的影响，两栖类较其他动物贫乏，而且向西部愈趋稀少。

本亚区，可再分为 2 个动物地理省：呼伦贝尔 – 辽西省—森林草原、草甸草原动物群；内蒙古东部省—干草原动物群。

二、西部荒漠亚区

包括阴山北部的戈壁、鄂尔多斯西部、阿拉善、塔里木、柴达木及准噶尔等盆地。境内为大片沙丘、砾漠和盐碱滩，生长荒漠植被，只在沿河及山麓有高山冰雪融水长期灌溉的地段，才有绿洲。

本亚区的陆栖脊椎动物，除柴达木外，兽类以中亚型成分居多，北方类型次之，有个别东洋型成分（蝙蝠）。鸟类在繁殖鸟中，北方种类居首，中亚型成分次之。爬行类以中亚型占绝对优势。两栖类中北方类型与中亚类型各半。在柴达木，总的趋势是高地型成分的出现（兽、爬行）或较多（繁殖鸟），但仍以中亚型占主要地位（兽、繁殖鸟、爬行）或占半（两栖）。可见柴达木具明显的过渡特征，在其归属问题，有过争论，但全面衡量仍稍倾向于蒙新区。

在兽类中，堪称为代表的，有鹅喉羚、野驴、草原斑猫。小型兽中有大耳猬、灰仓鼠、小林姬鼠等。在本亚区范围内，自然条件的区域差异比较显著，塔里木为暖温带，准噶尔属中温带，柴达木属高寒带。它们因有个别土著种或仅见于当地的种而具有特色。如兽类中的塔里木兔，为塔里木所特有，短耳沙鼠为塔里木至河西走廊西部的特有种。黑田鼠仅见于准噶尔，印度地鼠仅见于塔里木。柴达木则具有一些高地型的种类，如灰尾（高原）兔、白尾松田鼠、斯氏高山鼾、喜马拉雅旱獭和几种鼠兔。不少典型荒漠种类的分布，亦有区域变化。以跳鼠和沙鼠为例，可见一斑。准噶尔与阿拉善种类甚多，并有不少共有种（8 种），可能与前述自然通道及同属中温带有关。这些种类的分布有限，大体与半荒漠东界相当，塔里木与柴达木种类显少。

荒漠中砾质戈壁和砂丘分布很广。主要生长以白刺、梭梭、骆驼刺、红砂、柽柳、沙拐枣、麻黄、锦鸡儿等旱生灌木。半荒漠主要位于内蒙古西部和甘肃、新疆的山前地带，以针茅、狐茅及蒿属等植物为主。柴达木荒漠海拔 2 600 m 以上，地形上属青藏高原的一部分，但气候与植被接近新疆南部荒漠，在山麓至湖沼间广大的洪积扇上，生长勃氏麻黄、梭梭、柽柳、沙拐枣外，海拔高的山麓和山坡还有优若藜等灌木与半灌木，草本很少。

荒漠动物群在兽类中与草原相似，也以啮齿类和有蹄类动物繁盛为特征，但由于生活条件比草原差，群聚性种类数量分布的区域性变化比草原为大。据调查资料整理，结果表明，本亚区内各地的啮齿类除前已提及的个别地方土著种均属共有成分。种类以准噶尔最多，河西走廊次之，塔里木和阿拉善再次之，柴达木最少。

为适应极端干旱的自然条件，许多动物的形态或生态有高度的专化。荒漠动物的穴居生活、冬眠、贮藏冬季饲料或善于奔跑等习性，比之草原动物有进一步的发展。小型动物具有耐旱的生理特点，能直接自植物体中取得水分和依靠特殊的代谢方式，获得所需的水分，并在减少水分消耗方面有一系列的生理—生态适应机制。由于植被条件比较单一，各种环境中，往往只为很少数的种类占据。又因植被生长极不均匀，动物栖息环境亦很分散。局部水草丰盛的地点成为许多动物聚集的地方。绿洲农业地区，在人为的影响下，形成特殊的动物生活环境。这种环境近年来有了很大的扩展。半荒漠动物群，实际上是荒漠和草原动物群的过渡类型。区系组成主要是荒漠和草原成分的混杂，只有少数半荒漠典型的种类，如前已述及的蒲氏原羚，还有巨泡五趾跳鼠。其水平分布位于内蒙古东部草原与新疆荒漠之间，垂直分布则位于盆地或平原荒漠和山地草原之间，往往占据山麓和低山地带。

荒漠、半荒漠啮齿类动物，无论种类或数量，均以跳鼠和沙鼠两个类群为主。前者主要栖息于砾质荒漠（戈壁)，后者主要栖息于沙质荒漠。沙鼠有 5 ~6 种，大多为群聚性鼠类，全年活动，冬季活动减弱，贮存饲料。在重叠分布区内，沙鼠经常混居，形成沙鼠群，亦有不相混杂或互相替代的现象。其中以子午沙鼠分布最广泛，整个荒漠、半荒漠地带均有，并向黄土高原北部森林草原延伸，垂直分布由海拔低于海平面 150 m 的吐鲁番盆地，至青海高原海拔 3 000 m左右的柴达木盆地和湟水河谷，能栖息于多种环境，群体不大，在西部地区（新疆、青海和甘肃西部）为普遍的优势种，在东部地区（宁夏东部、内蒙古西部）则让位于半荒漠的典型成分——长爪沙鼠。大沙鼠的栖息地与梭梭、柽柳、盐爪爪、白刺等盐生灌木丛相联系，在梭梭灌丛中特别多，目前的分布范围，大致亦与梭梭荒漠一致，而避开暖温带的塔里木盆地，同时亦不分布至柴达木盆地。大沙鼠主要食梭梭的肉质多汁的叶子，在梭梭植物丛生的地方，能形成大的群体，在局部地区，数量很高，有惊人的筑洞能力，还能在砾石层挖掘，洞群往往连成一片，洞道将整个沙丘或地面密集贯穿。大沙鼠对梭梭有很大的破坏作用。在沙鼠混居群中，大沙鼠数量仅次于子午沙鼠，有些地方则形成绝对优势。数量波动较明显，常有大片弃洞，形成“岛状”的、分布极不均匀的种群。柽柳沙鼠的分布类似大沙鼠，但最东只分布至河西走廊西部，栖息于柽柳生长繁茂的环境，因而得名。在沙鼠群中，数量不高。但在伊犁河谷旱作区，数量不少，为害农作物。红尾沙鼠分布局限于天山北麓和东疆局部地区，是半荒漠的种类，在天山北麓的半荒漠带完全代替子午沙鼠，并成为优势种。短尾沙鼠，分布局限于塔里木盆地荒漠带南缘的狭窄地带，数量不多。

柴达木盆地，啮齿类种类较单纯，数量不高，有子午沙鼠、长耳跳鼠、五趾跳鼠、三趾跳鼠、荒漠毛蹠鼠等。主要分布于青藏高原高山草原环境的高原兔、白尾松田鼠和长尾仓鼠亦可见于盆地。在局部水草丰富的地方，白尾松田鼠密度较大。在广大的荒漠半荒漠中，动物数量均甚低。

跳鼠有 11 种之多，形态上几乎都有适应于沙漠、戈壁环境的特化，共同的特点是后肢特长，适于迅速跳跃，有些种类中间三个蹠骨愈合，甚至形成一条骨棒。前肢极小，仅用于摄食和掘挖，而不用于奔跑。尾一般极长，有些种类末端有扁平的长毛束，有利于跳跃中平衡身体。戈壁上，植物生长稀疏并多为有刺灌木。在此环境中，跳鼠主要食植物种子和昆虫。由于食物条件的限制，跳鼠营非群聚的生活，夜间活动，长距离地觅找食物以及冬季蛰眠等。分布广泛数量最多的是五趾跳鼠和三趾跳鼠。五趾跳鼠在我国荒漠、半荒漠和干草原均有，并见于柴达木盆地和青海东北部高山草原(3 000多米)，向南可伸至黄土高原北部，但不见于暖温带的南疆，栖息环境，一般避开沙丘。三趾跳鼠的分布与五趾跳鼠大致相似，但包括南疆而不见于祁连山的高山草原，一般多栖息于沙丘环境。因而，这两种跳鼠在同一地区常形成明显的生态替代。其他种类如长耳跳鼠、地兔、小五趾跳鼠、羽尾跳鼠、五趾心颅跳鼠等，分布均较狭窄，主要限于中蒙交界的砾质荒漠、半荒漠地带，只在少数地区数量较多。如在北疆将军戈壁一带，地兔、小五趾跳鼠和羽尾跳鼠等数量甚多，肥尾倭跳鼠也容易遇到。夜间，在砾石累累的灌木、半灌木丛中，用灯光照射，很容易发现跳鼠的频繁活动，使人感到砾质戈壁的确是跳鼠的乐园。跳鼠数量的年变化一般不大。故在同一地区，沙鼠数量的起落明显，跳鼠数量相对稳定。

一般来说，除绿洲环境，在开阔盆地和平原的绝大部分地区，小型兽类成分，均比较单纯，跳鼠和沙鼠之外，普遍分布的只有野兔、大耳猬、鼹形田鼠、灰仓鼠和小毛足鼠等。通常均不形成优势。印度地鼠，只在塔里木南缘的部分芦苇地中数量较高。

山麓和低山半荒漠地带，小型兽类组成比较复杂。除上述红尾沙鼠外，兔尾鼠、黄鼠在不同的地区，亦可成为优势种。天山山麓还有林姬鼠、田鼠，自高山草原沿湿润地段下伸。兔尾鼠有数量急剧波动的特点，在内蒙古西部、准噶尔盆地周围（黄兔尾鼠）和天山西部间山盆地（草原兔尾鼠）的半荒漠环境中，均有过数量暴涨的大发生，形成严重的灾害。黄鼠中以小黄鼠较普遍，数量波动较小。

据调查，试将本亚区的东部，从半荒漠（荒漠草原）至荒漠，主要害鼠（优势）的变化，归纳如下。

内蒙古中部（集二线 – 乌拉特中后旗 – 鄂尔多斯西部毛乌素）半荒漠及部分干草原中撩荒地：长爪沙鼠。

内蒙古西部（潮格旗西 – 阿拉善）荒漠：大沙鼠。

河西走廊 – 塔里木：子午沙鼠、三趾跳鼠、长耳跳鼠。

准噶尔：子午沙鼠、大沙鼠、小家鼠。

有蹄类中最普遍的是鹅喉羚，常 3 ~ 5 只或数十只成群，活动于砾质和土质戈壁。野驴于偏僻地区常结成 10 ~ 20 头的小群，在准噶尔北部和柴达木西北比较常见。食肉兽中最常见的是狐、沙狐、虎鼬、荒漠猫和狼。

荒漠、半荒漠地带，经常出现大片流动沙丘和几乎没有植被的砾质滩，有些湖岸则因严重盐渍而寸草不生。这些环境几乎没有动物栖息。而在局部水草丰富的地段，动物则经常聚集。在戈壁滩上常可看到地下水溢出的“泉眼”和小股流水的地方有鹰、鸦飞翔，鹅喉羚或野驴聚集饮水，而狼也经常在此活动。至于大片的绿洲农区，动物则更为集中。在此，小型兽类子午沙鼠、红尾沙鼠、灰仓鼠、跳鼠、林姬鼠、田鼠和大耳猬等，最为常见。农田的开垦，使原来的荒漠动物数量减少或只保存于小片未垦地中。同时，伴随人类活动的小家鼠和原来栖于比较湿润环境的林姬鼠、灰仓鼠、普通田鼠，以及麻雀和家燕等数量增加。如在新疆，小家鼠由于居民点的增加和农业的发展，蔓延极为迅速，有些年份，数量大量爆发，形成严重的为害。赤颊黄鼠、沙鼠、跳鼠等亦侵入农田。在内蒙古半荒漠地区，开荒前达乌尔黄鼠占优势，开荒后则让位于长爪沙鼠。属古北型的褐家鼠和东洋型的黄胸鼠则因运输的携带由季风区进入南疆。

荒漠、半荒漠开阔地带，鸟类十分稀少，最常见的是沙鹏、白顶鹏、凤头百灵、角百灵、短趾沙百灵、漠雀和白尾地鸦等，其中凤头百灵是比较普遍的优势种，但经常在0.5～1.0 km，才能遇见1～2只，有时几十千米不见1只。接近山麓及河谷地区有毛腿沙鸡、黑腹沙鸡、岩鸽、原鸽和斑鸠等等。还有一些鸟类，它们的分布在本区仅限于本亚区，如黑顶麻雀、巨嘴沙雀、铁嘴沙鸻、漠莺等等。

绿洲中河湖沿岸往往有成片的灌丛、胡杨林或草甸。许多地区的绿洲已开垦了成片的农田，人造林带十分繁茂，夏日在绿洲环境，山斑鸠、灰斑鸠、原鸽、戴胜、红尾伯劳、紫翅椋鸟、白鹡鸰、黄头鹡鸰和家燕等，均为普遍而数量较多的居留或繁殖鸟类。在塔里木河流域，夏日有不少水禽在此繁殖，如灰雁、绿头鸭、赤麻鸭、赤颈鸭、赤嘴潜鸭、红骨顶、黑鹳、白鹭、夜鹭、鸬鹚、秧鸡、姬田鸡，以及一些鸻、鹬、鸥等，并数量十分可观。冬日本亚区盆地中，特别是天山南麓，有一些鸟类来此越冬，已包括在天山繁殖的夏候鸟，形成一局地往返迁徙场所，主要是一些水禽。本亚区内水体的封冰与否与冬候鸟的栖息有很大关系。在完全封冻的水域，则未见有水禽栖息。在阿拉善和鄂尔多斯等地繁殖的遗鸥，是世界濒危物种，在桃力庙－阿拉善湾海子为优势种，其越冬种群的分布，至今仍是个迷。

两栖类中，只有绿蟾蜍分布比较普遍。但由于境内大多数河流经常只在多年一遇的短暂暴雨时，才有流水。湖沼地带，不定期地蓄积和干涸以及含盐分较多，均严重地影响两栖类的生存。干旱时，绿蟾蜍潜入洞中蛰伏。只在绿洲农区水源稳定、水质良好的一些地方，如塔里木北缘绿蟾蜍的数量较多。爬行类中，蜥蜴的种类和数量都甚为丰富，特别是沙丘地带。据调查，在本亚区有沙蜥10多种，鬣蜥4种，沙虎2种，林虎2种、麻蜥4种。其中，以沙蜥和麻蜥为优势，有些地方于0.5 km内可遇见40～50只。沙蜥能在沙面温度高达48℃时活动。麻蜥常在灌丛下活动。沙地温度过高时，它们均有爬上灌丛避热的习性。沙栖蜥蜴在沙地活动非常敏捷，遇敌可以潜沙而遁。荒漠中的蛇类，以沙蟒和花条蛇等最常见。上一亚区较常见的虎斑游蛇和红点锦蛇，则再不见于本亚区。蛇类在此常栖废弃鼠洞中。在半荒漠地带以蝮蛇最多，常为害畜群，咬伤致死。在柴达木只有青海沙蜥与密点麻蜥，完全没有两栖类。

据相关人员在昆仑北麓的调查，2 000 m以下爬行类的组成全为本亚区的成分。

本亚区再分为：河套－河西省—半荒漠、农田动物群；阿拉善－北山省—荒漠动物群；东疆戈壁省—戈壁荒漠动物群；准噶尔盆地省—中温带荒漠动物群；塔里木盆地省—暖温带荒漠动物群；柴达木盆地省—高原荒漠动物群。

三、天山山地亚区

主要为新疆的天山山系，向北至塔尔巴哈台山地，还包括阿尔泰山即北疆山地。山地环境比较湿润，动物区系与盆地有较明显的差别。山间盆地及山地草原环境中，中亚型中的一些能适应于比较湿润环境的种类，如灰仓鼠、草原兔尾鼠、子午沙鼠、沙鹏、漠鹏和石鸡等均为主要成分，还有山地草原的典型种灰旱獭和高山雪鸡。在森林环境中出现一些北方型的种类，如旋木雀、攀雀、马鹿、狍和红背䶄、林睡鼠、水䶄、小林姬鼠、根田鼠等。

北疆山地的生态地理特征，基本上与天山是相同的。针叶林，只见于阴坡，与阳坡的高山草甸和草原交错分布，至东天山针叶林逐渐消失，高山之巅则多有冰雪覆盖。整个来说高山带以高山草甸的环境为主。动物群的优势种类，在兽类中，以灰旱獭为主。高山䶄、天山林䶄、红背䶄、狭颅田鼠等甚为常见，多活动于森林边缘和森林中，潮湿地段还有小鼩鼱栖息。林栖鸟类有星鸦、喜鹊、灰蓝山雀、旋木雀及多种柳莺等；灌丛间有花彩雀莺、蓝点颏、黑喉石鹏等；草地间以金额丝雀、灰眉岩鹀、白斑翅雪雀等为常见。常见的有蹄类是马鹿、狍、野猪、盘羊和北山羊。活动于森林与草地间的食肉兽，有石貂、伶鼬、猞猁和雪豹。按相关人员调查资料进行分析，北疆山地啮齿动物分布的特点为：高山草甸与泰加林种类的分布较窄，反映其生态上的专化；荒漠的成分可分布至山地半荒漠（荒漠草原）；草原成分大多可广泛分布于山地中部的多种草原环境，为本亚区的主要成分。

爬行类在山地草原以草原蝰、中介蝮、横斑游蛇、捷蜥蜴和敏麻蜥等最为常见，在山麓荒漠地带则分布有几种沙蜥。古北型的胎生蜥蜴和极北蝰见于阿尔泰山地。四爪陆龟，当地又叫“旱龟”，是适应于黄土丘陵的龟类，栖息于近溪流，土质湿润的环境。本亚区的两栖类常见的有绿蟾蜍，另有湖蛙分布于天山，阿尔泰林蛙和黑龙江林蛙见于阿尔泰山地。新疆北鲵孤立分布于天山西端（我国境内为霍城与温泉地区），数量稀少，为孑遗种。

阿尔泰山地动物区系在森林环境主要属北方型成分，与大兴安岭有不少共同的种类，过去将它暂划为东北区大兴安岭亚区。但在山地草原环境，则有中亚成分，如灰仓鼠、鼹形田鼠、五趾跳鼠和沙鵰等，具过渡的性质。由于阿尔泰山具有驼鹿、狼獾、紫貂、原麝、棕背䶄等典型的全北型或古北型成分，故相关人员将阿尔泰山单独划出归属欧洲－西伯利亚亚界。部分研究人员均同意这一改变。笔者对这些事实和意见都是同意的。只是考虑到从实用观点，应避免对面积不大的过渡地区，另立高级系统的层次。而提出将阿尔泰山区以低一级（“省”级）的特殊处理的方案，理由如下：

阿尔泰山地处于亚寒带针叶林带边缘，又处于中亚干旱地区的边缘。山地垂直分带和坡向等山地地形和气候的影响，使两者的动物区系相互交错渗透。自然界中的界线在绝大多数情况下不是截然的分野，在两大区系交错地区，往往要借助于优势（种类，数量及空间）情况予以处理。这一特征，为它在区划系统中的归属，提供了灵活可变的理由。

整个阿尔泰山由西北至东南荒漠化加剧，随不同地段而异，海拔 800～1 500 m以下为荒漠，800～1 800 m为山地草原，1 300m 以上为森林。亚寒带泰加林，在此实为相对孤立于干旱环境中的“岛屿”，这一特征可以作为它归属蒙新区的理由。

一个区划单元中，有时不可避免地有另一区划单元中个别类型的存在（相对面积较小），而每一个区划单元，在逻辑上，应避免将被归并者作跨系统处理，避免以过小的空间而增加区划系统。当被归并者的范围，在所应用的地图上占有一定地位时，可作特殊的低级区划处理。

然而，这一处理，绝不能忽视阿尔泰山区的特殊性。同时，为学术上的完整性，也可将阿尔泰山另立一区划单元归古北界欧洲－西伯利亚亚界，如前述。两种不同的处理都是正确的。

有研究分别对天山－阿尔泰山地兽类和鸟类的动物地理进行过详细研究。按他们的研究可以看出阿尔泰山与天山的倾向性，即北方型和高地型成分的增多（鸟类）和两个山地的差别（啮齿类）。他们还依栖息地水平与垂直分化进行了调查，划分为 5 个省级“区划”—鸟类和 4 年“省”及 10 个“洲”—啮齿类，反映了山地环境多样性对动物组成的影响。喜湿种类只出现于山地而且只在阿尔泰山占重要的地位。

本亚区再分为：天山山地省—山地森林、草原动物群；准噶尔界山省—山地灌丛、荒漠草原动物群；阿尔泰山地省—山地泰加林、草原动物群；帕米尔高原省—高山草原动物群。

第三节　蒙新区经济概况

本区为广大的畜牧地区，境内繁盛的啮齿动物对牧业、农业及卫生保健的为害均较大。与这些有害啮齿类动物作斗争是本区突出的问题。

本区毛皮兽中以旱獭占首要地位，其次是狼、狐、黄鼬、獾、黄羊等。新疆北部所产的大型啮齿类河狸，是一种珍贵的毛皮兽。

内蒙古高原土地资源丰富，牧草生长良好，是中国最主要的畜牧业基地。草原上还盛产中草药，如甘草、黄芪、黄芩、赤芍、麻黄等。高原上高盐湖有盐、碱、芒硝等资源。矿产资源丰富，有煤、铁、铌、稀土矿等70多种。

在海拔2 300 m以下的地区，农作物种类有水稻、玉米、大豆、黍(稷)、鸡爪谷等喜温作物，并有冬小麦、冬春青稞、油菜、豌豆等喜凉的作物，实行一年两熟制；海拔2 300～3 000 m地区，主要作物有冬春小麦、冬春青稞、油菜、豌豆，实行一年一熟或两年三熟制；海拔3 000～3 800 m的地区，主要作物有青稞、冬春小麦（以冬小麦为主)、豌豆、油菜，实行一年一熟制；海拔3 800～4 100 m的地区，主要农作物有春青稞、冬春小麦(以春小麦为主)、豌豆、油菜，实行一年一熟制；海拔4 100～4 300 m的地区，有春青稞、春小麦、豌豆、油菜，要求早熟品种，实行一年一熟制；海拔4 300 m以上的绝大部分地区是纯内蒙古高原。

内蒙古牧区经济发展现状：2010年，内蒙古54个牧业、半牧业旗县地区生产总值为6 145.1亿元，占全区地区生产总值的52.6%，其中第一产业为682.2亿元，第二产业为3 486.5亿元，第三产业为1 976.4亿元，分别占地区生产总值的11.1%、56.7%和32.2%。财政一般预算收入达365.7亿元，占全区财政收入34.2%。

内蒙古牧区畜牧业经济概况：2010年，内蒙古牧区年末牲畜存栏头数5 179万头（只)，占全区牲畜总头数的75.6%，其中大牲畜887.9万头，占全区67.4%；羊4 037万只，占全区76.5%；生猪688.8万头，占全区79%。羊毛产量8.87万t，占全区82.5%。肉类产量153.1万t，占全区的64.1%。其中，牛肉产量为38.3万t，占全区的77.1%；羊肉产量为58.2万t，占全区65.2%；猪肉产量55.6万t，占全区77.3%。畜牧业产值500.8亿元，占全区畜牧业比重达60.9%。目前，全区人工种草保有面积250多万hm^2，饲料作物播种面积50多万hm^2，配套草库伦60多万hm^2。据相关部门监测，33 个牧业旗市天然草原总储量为 80 多亿 kg，54 个牧业半牧业旗县人工饲草产量约为 140 亿 kg。

鄂尔多斯高原面积 80% 的地下埋藏煤炭，储量达 1 050亿 t。

阿拉善盟有 100 多种植物可作为中草药材。全盟有经济兽类 27 种，用于皮毛的有狐狸、狗獾、艾虎、黄鼠、黄鼬、猪獾、旱獭、石貂等；皮肉兼用的黄羊、盘羊、岩羊、北山羊、蒙古兔、野猪等 6 种；观赏动物有野驴、野骆驼 2 种；药用兽类有马鹿、麝、雪豹、刺猬等 4 种。全盟探明煤炭资源储量约 13 亿 t，保有储量约 6. 6 亿 t。全盟探明湖盐资源储量 1. 6 亿 t，保有储量 1. 2 亿 t。全盟探明铁矿资源量近 1. 5 亿 t，保有储量约 9 000万 t（近两年新增 2 600万 t）。全盟现有铁矿占有资源量 6 782万 t，产能 304 万 t/年。有铁矿勘查权 66 个。全盟黄金预测资源量可达 100t。另外，铅、锌、钼、钨等金属矿产以及白云岩、花岗岩、膨润土等非金属矿产也有较好储藏前景。

河西走廊灌溉农业区是甘肃省最重要农业区，是我国西北内陆著名的灌溉农业区。它是西北地区最主要的商品粮基地和经济作物集中产区。它提供了全省 2/3 以上的商品粮、几乎全部的棉花、9/10 的甜菜、2/5 以上的油料、啤酒大麦和瓜果蔬菜。平地绿洲区主要种植春小麦、大麦、糜子、谷子、玉米、及少量水稻、高粱、马铃薯。油料作物主要为胡麻。瓜类有西瓜、仔瓜和白兰瓜，果树以枣、梨、苹果为主。山前地区以夏杂粮为主，主要种植青稞、黑麦、蚕豆、豌豆、马铃薯和油菜。河西畜牧业发达，如山丹马营滩自古即为著名军马场。河西走廊矿产资源丰富，区内有玉门石油、山丹煤田、九条岭煤矿、金昌镍矿及镜铁山铁矿等多处大型矿点，金属、非金属矿产资源储量十分丰富。镜铁山矿探明储量就达 6 亿 t，占全省的 90% 以上。金昌镍和铂族金属产量分别占全国总量的 85% 和 90% 以上。

柴达木盆地盐、石油、铅锌和硼砂储量尤丰，食盐总储量达 600 亿 t 左右。各种资源储量潜在价值达 17. 2 万亿元。盆地内分布的药用植物、药用动物、药用矿物共计有 782 种，出产的中藏药材不仅蕴藏量大，而且医疗效果好，如白唇鹿鹿茸是公认的滋补药材中的上等佳品；盆地内大量种植的枸杞成为中藏药材中的一枝奇葩；盆地内分布的药用植物红景天已被医学界认为是继人参、刺五加之后一种新的营养补剂药源。盆地现有耕地集中于东部和东南部绿洲地带，以产粮食、油料为主，单产较高。

塔里木盆地是中国最古老的内陆产棉区，是中国优质棉种植的高产稳产区。瓜果资源丰富，著名的有库尔勒香梨、库车白杏、阿图什无花果、叶城石榴、和田红葡萄等。木本油料的薄壳核桃种植也很普遍。和田的地毯编织和桑蚕都发达。

准噶尔盆地内夏季气温高，棉花种植地区已达北纬44°，为世界上棉花种植的最北限。盆地中有丰富矿藏，南缘有煤田，西部有独山子和克拉玛依油田，两地都设有炼油厂，有输油管通往乌鲁木齐市。石油总资源量为86亿t，天然气2.1万亿m^3。盆地西缘有阿拉山口、老风口、布尔津等风口，风力强劲，对交通及其他经济活动有一定影响。

天山北麓平原为新建的重要农业区，种植小麦、玉蜀黍、水稻、棉花、甜菜等。天山北麓是新疆经济最发达的地区，在全疆有着举足轻重的影响，也是天山“八五”与“九五”期间我国国土综合开发的19个重点片区之一，是开发大西北的重点地区。天山北坡经济带总面积约9.54万km^2，只占新疆5.7%，人口458万人，占新疆23.3%。这一地带是生产力高度集中的地区，是新疆现代工业、农业、交通信息、教育科技等最为发达的核心区域，集中了全疆83%的重工业和62%的轻工业，历年国内生产总值占全疆40%以上。

第四节　蒙新区研究痕迹

国内许多学者对蒙新区昆虫进行过研究，其中最早研究的是由齐宝瑛，周志敏（1994），他们对蒙新区网蝽科昆虫国内新纪录种及分布（半翅目：异翅亚目：网蝽科）进行研究，记载了我国蒙新区网蝽科昆虫15种，其中檬色平冠网蝽 *Catoplatus citrinus* Horvath，室贝脊网蝽 *Galeatus cellularis* Jakovlev 和肿兜贝脊网蝽 *G. serophicus* Saunder 3种为中国新纪录种，另有8种分别在新疆、甘肃、青海等地区的分布亦为首次记载，还有1属1种为内蒙古新纪录属种。

照日格图，能乃扎布（1995）对中国蒙新区土蝽科一新种及四新纪录（半翅目：土蝽科）进行研究，文中记录了我国蒙新区土蝽科1新种：新疆光土蝽 *Sehirus xinjiangensis* sp. nov. 及4个中国新纪录种：黄圆土蝽 *Byrsinus penicillatus* E. Wagner，小圆土蝽 *B. minor* E. Wagner，光头伊土蝽 *Aethus laeviceps* Kerzhner 及斜光土蝽 *S. parens* Mulsant *et* Rey。

于有志，任国栋，于利子（2000）对蒙新区4种拟步甲幼虫（鞘翅目：拟步甲科）进行记述，文中描述了4种采自蒙新区的拟步甲科新幼虫，即大小土甲 *Penthicinus koltzei* Reitter，山丹阿土甲 *Anatrum shandanicum* Ren，

胫齿粗角甲 *Paranemia bicolor* Reitter 和食菌甲 *Bolitophagus* sp.，同时提供了它们的形态特征图。同年，任国栋、于有志、杨秀娟（2000）对中国蒙新区已知拟步甲（鞘翅目）编制了幼虫目录。中国蒙新区的拟步甲已记载 3 亚科、22 族、76 属、330 种，占全国拟步甲总种数的 1/4。中国拟步甲科幼虫的分类研究从零开始至今约有 10 年历史，通过作者大量调查研究和室内饲养工作，共计描述了 15 族 47 属 160 种（含 2 个未定种），约占蒙新区已知拟步甲总数的 48.5%，其中绝大部分为第一次记述。文中对国内外现有幼虫分类研究情况进行了概述，对中国蒙新区的幼虫种类进行了全面整理并提出该地区系统目录。

杨贵军、于有志（2005）对蒙新区漠甲亚科 7 种幼虫（鞘翅目：拟步甲科）进行记述，文中首次记述了采自内蒙古、宁夏、陕西等地漠甲亚科 3 属 7 种幼虫小脊漠甲、宽腹东鳖甲、条纹东鳖甲、谢氏东鳖甲、磨光东鳖甲、弯胫东鳖甲、暗色圆鳖甲的形态特征，给出了其属种检索表和形态特征图。

王宁、那日苏、秦艳等（2009）对我国蒙新区牧草中网蝽科昆虫的寄生情况进行了研究。蒙新区由于地域辽阔，东西跨度大，其西部耐干旱的草本植物十分繁盛，而东部地区降水较丰富，属温带草原植被类型，组成了我国重要的畜牧业基地。蒙新区的牧草资源每年都不同程度地受到各种牧草害虫的为害，给畜牧业生产带来一定的损失。其中网蝽科昆虫体型较小，且生活隐蔽，不善活动，通常不易被发现，但对植物组织会造成严重的破坏，对牧草的质量和产量均会造成一定的损失，对构成原植被的其他植物的生长发育也有一定的影响，其为害不可忽视。文中记录了我国蒙新区草原植被 14 科 43 属植物中网蝽科昆虫的寄生情况，共包括网蝽科昆虫 13 属 40 种，结果表明，网蝽科昆虫在我国蒙新区寄生的植物种类十分广泛，而且有些科属的植物被多种网蝽寄生。

李媛媛、安立伟、张家禄（2010）对我国蒙新区草盲蝽复合组昆虫进行记述，共记述我国蒙新区草盲蝽复合组昆虫 5 属 34 种，其中包括 1 个新种（短喙后丽盲蝽 *Apolygus brevirostris* sp. nov.）。

部分人员对蒙新区平腹蛛科蜘蛛区系进行分析，结果表明，在世界动物区系中古北界占明显优势，在中国动物区系中蒙新区与华北区、青藏区以及西南区的共有种较多，蒙新区以东部草原亚区的区系分布为主。

李媛媛、石凯、德力格尔（2016）对蒙新区草盲蝽复合组昆虫区系进行初步分析，共得到 5 属 34 种。其中，种类最多的是草盲蝽属 *Lygus* 13 种

(38.24%)，占绝对优势。在世界动物地理区划中，蒙新区草盲蝽复合组昆虫以古北界为主，种数占15种（44.12%）。在中国动物地理区划中，草盲蝽复合组单独分布于蒙新区的物种有8种，约占物种总数的1/4（23.54%），其次是蒙新区与华北区共有5种（14.72%），蒙新区与东北区共有3种(8.82%)，其他动物区系分布的物种均较少。在蒙新区动物地理区划中，蒙新区草盲蝽复合组昆虫以西部荒漠亚区种数最多，共14种（41.18%），其次为东部草原亚区和西部荒漠亚区共有9种（26.47%）。

第二章　草盲蝽复合组昆虫研究简史及意义

第一节　草盲蝽复合组昆虫研究简史

草盲蝽复合组（*Lygus* complex）在半翅目异翅亚目（Hemiptera; Heteroptera）的分类中隶属盲蝽科（Miridae）盲蝽亚科（Mirinae）盲蝽族（Mirini）。盲蝽族 Mrini 于 1833 年由 Hahn 定名为 Mirini，尔后 Burmeister 于 1835 年又将其命名为 Capsini。后又曾出现很多次异名，但未被后人所接受。自从 Carvalho（1955）在世界盲蝽科分属检索表中将其命名为 Mrini 后已沿用至今。

早期学者将许多形态特征相似的种类都归为 *Lygus* 属，相关人员明确地记述了北半球 *Lygus* 属，并且同意 Schuh（1995）所阐述的现在绝大多数种类都归于该属的观点。近年来，将以往 *Lygus* 属中的一些种类或归为盲蝽族中的其他属，或还没有将其重新分类，被广义地称之为"草盲蝽复合组（*Lygus* complex）"。

目前，中国草盲蝽复合组（*Lygus* complex）昆虫大致包括以下几个属：草盲蝽属（*Lygus* Hahn，1833），丽盲蝽属（*Lygocoris* Reuter，1875），新丽盲蝽属（*Neolygus* Knight，1917），后丽盲蝽属（*Apolygus* China，1941），树丽盲蝽属（*Arbolygus* Kerzhner，1979），异草盲蝽属（*Heterolygus* Zheng et Yu，1990）。

草盲蝽属（*Lygus* Hahn，1833）在 Schuh（1995）的世界盲蝽科名录中记载了约 200 种。1992 年郑乐怡、于超记述了中国草盲蝽属 11 种。1993 年齐宝瑛、能乃扎布记述了内蒙古草盲蝽属 9 种。1994 年齐宝瑛等在我国北方盲蝽科昆虫记述中记录该属 12 种。1999 年能乃扎布在《内蒙古昆虫》一书中记录该属 11 种。2004 年郑乐怡、刘国卿、吕楠等在《中国动物志》（第 33 卷）中记载我国已确知属于草盲蝽属的种类共 15 种。

丽盲蝽属（*Lygocoris* Reuter，1875）原作为 *Lygus* 属的亚属建立（Reuter, 1875)，后来相关人员提出将 *Lygocoris* 提升为独立的属。*Lygocoris* 属的含义和范围几经变迁。早期范围较广，后来其中的 *Apolygus*，*Arbolygus*，*Lygocorides*，*Lygocorias*，*Neolygus* 等亚属先后被视为独立的属。目前 *Lygocoris* Reuter 的含义只相当于以往广义属中的指明亚属的范围。该属全世界已知近 30 种，我国已发现 20 余种。1994 年齐宝瑛等在我国北方盲蝽科昆虫记述中记录该属 4 种。1999 年能乃扎布在《内蒙古昆虫》一书中记录该属 3 种。2001 年吕楠、郑乐怡对丽盲蝽属（丽盲蝽亚属）的中国种类作了修订，其中记述了 12 个新种，1 个中国新纪录种。2004 年郑乐怡、刘国卿、吕楠等在《中国动物志》(第 33 卷）中记载我国丽盲蝽属 19 种。

新丽盲蝽属（*Neolygus* Knight，1917）原作为 *Lygus* 属的亚属建立，后来 Yasunaga、Schwartz、Cherot（2002）提出将 *Neolygus* 提升为独立的属。该属全世界已有记录 70 余种。1994 年 Nan Lu 和 Tomohide Yasunaga 记述了丽盲蝽属新丽盲蝽亚属 2 新种。1995 年吕楠、郑乐怡记述该属 3 个中国新纪录种。1996 年吕楠、王洪建记述了甘肃省丽盲蝽属新丽盲蝽亚属 2 新种。同年，Nan Lu 和 Le-Yi Zheng 记述了丽盲蝽属新丽盲蝽亚属 2 新种。1998 年 Lu N. & L. Y. Zheng 再次记述了丽盲蝽属新丽盲蝽亚属 7 新种。同年吕楠、郑乐怡从曾由 B. Poppius 描述的一些台湾“*Lygus*”中建立了新组合。2004 年郑乐怡、刘国卿、吕楠等在《中国动物志》（第 33 卷）中记载我国新丽盲蝽属 37 种。

后丽盲蝽属（*Apolygus* China，1941）自 China 于 1941 年在盲蝽族中建立后丽盲蝽亚属（*Apolygus*）以来，该亚属的分类地位几经变更。Carvalho 在他的世界盲蝽科名录中把 *Apolygus* 归属到丽盲蝽属（*Lygocoris*）中。之后 Wagner 等将其并入草盲蝽属（*Lygus*），作为该属的一个亚属。Miyamoto 正式提出将 *Apolygus* 提升为独立的属。再后，Kerzhner（1988）、Kerzhner 和 Josifov（1999）、Yasunaga（1991，1992a，b）、Lu 和 Zheng（1998）又作过多次修订，后来 Yasunaga 已经将 *Apolygus* 属作为盲蝽族（Mirini）的一个独立属级单元记载。该属全世界已记载 40 余种。郑乐怡、汪兴鉴（1982）记述我国丽盲蝽属后丽盲蝽亚属 9 新种；同年 12 月又记述福建省丽盲蝽属后丽盲蝽亚属 3 新种；于 1983 年记述中国丽盲蝽属后丽盲蝽亚属 8 新种和 2 中国新纪录种。1996 年，Nan Lu 和 Le-yi Zheng 记述丽盲蝽属后丽盲蝽亚属 1 新种及 18 个新组合。1997 年，Lu Nan 和 Zheng Le-yi 记述中国后丽盲蝽属 4 新种。1998 年吕楠、郑乐怡从曾由 B. Poppius 描述的一些中国台湾“*Lygus*”中建立了新组合。1999 年能乃扎布在《内蒙古昆虫》一书中记录丽盲蝽属3种，其中的1种已归属于后丽盲蝽属。2004年郑乐怡、刘国卿、吕楠等在《中国动物志》（第33卷）中记载了我国后丽盲蝽属28种。

树丽盲蝽属（*Arbolygus* Kerzhner，1979）原作为*Lygocoris*属的亚属建立（Kerzhner，1979），后来Miyamoto提出将其提升为独立的属。Yasunaga，Lu and Yasunaga（1994）同意Miyamoto对该属的处理意见。现全世界已知十余种。1998年吕楠、郑乐怡记述了树丽盲蝽属9个新种并提出3个新组合。2004年郑乐怡、刘国卿、吕楠等在《中国动物志》（第33卷）中记载我国树丽盲蝽属14种。

异草盲蝽属（*Heterolygus* Zheng et Yu，1990）为中国特有属。1990年，Zheng，L. Y. 和Yu，C. 将其归为中国草盲蝽复合组（*Lygus* complex）中单独建立的一个新属，并记述该属4个新组合及6个新种。2004年郑乐怡、刘国卿、吕楠等在《中国动物志》（第33卷）中记载中国异草盲蝽属共10种。

第二节 草盲蝽复合组昆虫研究意义

一、生物学意义

（一）生 境

盲蝽亚科种类除严寒和极干旱的荒漠等极端环境外，在各种生境中均可遇见。各类森林生境中，似以阔叶林中的种类较为丰富，光线阴暗的林型内往往盲蝽亚科种类较少，如我国西南山地的一些冷杉林、滇南常绿阔叶林等。森林草原、草原、草甸等开阔生境中的盲蝽亚科种类均甚丰富；部分种类则适应半荒漠、荒漠的生境。水边、沼泽等湿地生境亦有众多种类。在海拔高度方面，此亚科的山地和高原种类众多，有些类群对高山或高海拔环境具有明显的适应性，例如异草盲蝽属（*Heterolygus*）的不少种类，分布于海拔3 000 m左右。

（二）食性与有关习性

盲蝽亚科已知多为植食性，在吸食部位方面，包括寄主植物芽、嫩枝、叶片、托叶、叶鞘、叶脉等营养器官，以及植物的繁殖器官，包括花序柄、花芽、花蕾、子房、花药、花粉、幼果和成熟的果实、未成熟的种子等等；许多种类的成虫和若虫对于后者尤其偏喜，估计与后一类食物更能提供含氮类养分有关。对于质地坚硬的枝杆部分，身体相对纤弱的盲蝽很少吸食。

已有研究资料显示，多数盲蝽类的取食方式基本上属于“擦碎后吸入”的类型：依靠口针端部的齿状构造搓碎植物细胞，同时由口针的唾液道流出唾液，唾液中含有的酶对寄主组织进行一定程度的体外消化，其中多聚半乳糖醛酸酶 polygalacturonase（或果胶酶）可有助于细胞壁的软化和崩解，淀粉酶与蛋白酶则可使细胞内含物部分消化水解，被破坏和略经消化的植物细胞形成一种可以吸入的浆液。盲蝽较少或不直接刺入筛管或导管，消化道既无回收过多水分的构造，也不排出蜜露，这些情况均与上述取食方式相符。因此与蚜虫，粉虱子等主要吸食输导组织内含物的昆虫不同。盲蝽的种种为害状的特点也可由这种取食方式得到解释。

同时若干报道说明许多主要为植食性的种类在一定程度上均有兼具取食动物性食物的习性，可能一部分这种行为带有偶然性，也可能与生活史中的特定阶段的需要（如生殖细胞的发育）有关，均有待于进一步研究；此外，盲蝽亚科上、下颚口针的细微构造基本属于植食性的类型，此亦说明该类取食动物性食物的习性是次要的。

在植物寄主范围方面，盲蝽亚科中，盲蝽族已知包括一些广食性属，如草盲蝽属（*Lygus*）等，一种的寄主常包括若干种植物。国内在盲蝽亚科种类生物学方面，除少数危害种类以外，详细的研究甚少，因此大量种类的具体食性尚不了解或尚不清楚。

由于喜食植物繁殖器官的习性，在盲蝽亚科的许多种类中普遍存在追逐开花或开始结果的植株，以及成虫期随花、果期的更替不断更换寄主植物种类的习性；上述多寄主的食性特点也可能与之有关。

盲蝽亚科种类多栖息于植物上，树栖种类很少在草本植物上找到，反之亦同。在森林环境中生活的种类相对比较喜阴，在大田作物上造成为害的种类均为原生活于草原或其他开阔环境中的种类转成。

多数盲蝽取食时，口器开始垂直下指，随口针束的插入植物组织，喙的第一、第二节间的关节向后折弯，致使喙的长度缩短而头部的位置下压，如口针束插入很深时，则喙的第三、第四节间关节亦向后折弯，成两个连续的“>”形折弯，并可向头的方向推移并拢。

取食时，前足胫节末端常挟持于喙的两侧，以助喙的定位和插入；有时前足可推动喙以助其找到较小的目标，如花粉粒等。

（三）交尾习性

盲蝽亚科种类交尾前一般很少有显著的“求偶”行为。两性吸引机制极少报道。交尾姿势有以下几种：一为背腹姿势，或雄在雌体背方，腹端向右向下弯转，接触雌体交尾；或在开始时，雄虫在雌体上方，以前、中足抱持雌虫，体后端斜伸于雄体的右外侧；然后，常松开前、中足，以后足着地，同时身体前端略右转，移向雌体右外侧，而身体后端向左移，与雌体接触，腹端左弯，进行交尾；此时有些种类身体前端可略抬起而呈僵持状。另一种为：开始时雄在雌体上方，随即下滑位于雌体右侧，尾端接触进行交尾，亦可在尾端接触固定后，雄体前端略向右移，致使雄与雌体之间成一角度（锐角至钝角不等）。

交尾时间长短可能与雄虫外生殖器刺棘类骨化附器的发达程度以及与之相应的交尾个体锁合程度有关。

（四）产　卵

雌虫产卵时产卵器后端向下向前方移动，达到与产卵处的表面近于垂直的方位，刺入植物基质后将卵产下；有些种类产卵时腹部向下强烈弯曲，腹端接触基质表面，以助产卵器的刺入。盲蝽科的卵均埋藏于植物基质中，仅以卵盖或卵盖的顶部表面或其上的突起状呼吸角露出。外观呈微小的点斑状。

产卵的部位多在若虫喜食的寄主植物植株上，具体部位多样，包括小枝分岔处、各类芽的基部、芽鳞和叶的组织内，花序和花蕾的各部分组织内、树皮内、各种缝隙间以及干草和枯枝内。卵散产，或成松散的的小群，或成一长列，后者当卵产在草茎、叶的主脉等细长的基质中时常见。卵可斜插入基质表面，或与之垂直，亦可平卧于基质表面下，后者的卵盖与卵体之间常成一角度折转。

（五）其他习性

盲蝽亚科中不少种类夜间呈现一定程度的向光性，在诱虫灯下常可遇到，但一般数量较少或很小，似乎带有偶然性。此方面尚缺乏进一步的研究。

多数盲蝽亚科种类活泼警觉，较善飞翔，在异翅类各科中较为突出，这种特点可能与追逐开花植物的觅食习性有关。个别种类证明有一定迁飞能力，并曾在高空或海面上被截获。

已有资料表明，盲蝽科亚科种类在温带地区常以成虫或卵越冬。总体上若虫出现时期每与寄生植物的花、果期密切相关，单食或寡食性种类尤其明显，常因此而决定一年中的世代数以及生活史中的某些有关特点。在温度条件允许下，多食性种类常不止一代。

二、经济学意义

盲蝽亚科中部分种类以大田或经济作物为寄主，以致造成不同程度的为害，少数种类在一定时期内成为重要害虫。

此类昆虫的危害方式和特点与其嗜食植物繁殖器官的食性密切相关，由于盲蝽成虫和若虫的吸食，寄主植物的花序、花芽、花蕾、雄蕊和雌蕊的各个部分、果实和种子的各个部分等均可受害，造成因落花、落蕾、子房破坏而产生的不育或败育、落果、果实畸形、腐坏、出现黑斑、种子发育不全、瘪粒、僵瓣、斑坏、畸形等等；例如1944 年美国苜蓿类牧草（alfalfa）的种子生产因受草盲蝽类（*Lygus* spp.）的危害估计损失达1 600万美元（Haeussler，1952）。除花、果、种子外，枝叶的幼嫩部分亦可受害，危害状包括芽或幼叶时的吸食处随叶的生长而扩大成的叶片穿孔破碎、畸形，吸食破坏生长点后导致“破头疯”等分枝的畸形增多、芽枯、茎部溃疡等。

由于盲蝽取食造成破坏的部位常较隐蔽，危害状开始时不显，加之虫体小而活动性强，并较善飞翔，造成危害后常随即离去，因此在危害的早期常不易被发现。

此外，盲蝽的危害状又常与植物病原、霜冻、高温、授粉不足、营养缺陷等所造成的后果有相似之处。以上情况均促使盲蝽的危害较易被忽视或很难引起足够的重视，并从而容易低估盲蝽在农业生态系统和自然生态系统中的作用。

我国已知造成明显危害的盲蝽亚科种类有以下几类。

1. 棉花害虫

华北棉花产区危害的种类主要有：三点苜蓿盲蝽（*Adelphocoris fasciaticollis* Reuter，中名常称为“三点盲蝽”，在早期国内文献中使用的拉丁名为 *Adelphocoris taeniophorus* Reuter，后证明为误定）、苜蓿盲蝽（*Adelphocoris lineolatus* Goeze），以及绿后丽盲蝽（常称“绿盲蝽” *Apolygus lucorum*（Meyer-Dür）），危害造成棉花落花、落蕾、落铃等严重损失；20 世纪 70 年代，以上盲蝽危害普遍。华东和华中棉田造成危害的种类则为中黑苜蓿盲蝽（*Adelphocoris suturalis*（Jakovlev））和绿后丽盲蝽，近年危害普遍，可能和棉花的育苗以及耕作方法的变化有关，苗期受害后造成生长点和心叶枯死，出现破头疯，枯蕾和干铃。

2. 枣树害虫

现只知安徽繁昌地区的种类为枣后丽盲蝽（*Apolygus zizyphi* Lu *et* Zheng），其余地区因缺乏标本而尚未确定是否也是此一种类。

3. 豆科牧草害虫

我国北方的紫花苜蓿等豆科牧草受到多种草盲蝽（*Lygus* spp.）的危害，造成种子的收获量减少等损失，国内具体研究较少。同时由于草盲蝽属种类外表近似，国内长期将这些种类均视为牧草盲蝽［*Lygus pratensis*（Linnaeus）］一种，实际情况可能更为复杂，需进一步的工作才能查明。

4. 其他害虫

绿后丽盲蝽及其邻近种斯氏后丽盲蝽［*Apolygus spinolae*（Meyer-Dür）］对于一些蔬菜作物和经济作物可造成一定程度的危害。

第三章　草盲蝽复合组昆虫外部形态特征

第一节　一般体型

盲蝽科昆虫身体为中型或小型，结构在半翅目异翅亚目中相对脆弱，肢体常易受损脱落，体壁不甚坚厚；多数类群无单眼；触角与喙均为 4 节；前翅具楔片；膜片翅脉简单，围成 1 ~ 2 个翅室；跗节 3 节；腹部腹板无毛点（trichobothrium）与毛点毛（trichobothrial hair）；雄虫生殖节以及外生殖器构造左右不对称。

盲蝽亚科种类在盲蝽科中多属中等体型或较为偏大，有体长达 12 mm 的大型种类 *Gigantomiris jupiter* Miyamoto *et* Yasunaga 以及若干较大型的属种，但多数属种仍为中等大小；亚科内小型的种类较少，极小者则更少；此点与其他亚科相比，有所不同；因此是各亚科中体型偏大的一类。小型的盲蝽亚科种类很容易被误当作叶盲蝽亚科的成员，在鉴定工作中需加注意。

此亚科的多数种类体型比较适中，身体背面多较平坦，呈椭圆形或宽椭圆形，有一定厚度，前胸背板不同程度地前下倾，前翅在楔片缝以后的部分或多或少以一角度下折，遮盖腹部后端；在种类占大多数的盲蝽族 Mirini 中此种体型占大多数。在体狭长的种类中，尤其是腹部较长的种类中，前翅楔片缝后的部分多不下折。盲蝽科中相当普遍的拟蚁现象在此亚科中不多，只在少数属中出现。

同一种内的体色常多变。不少种类则或多或少呈现雌雄二型现象，表现在体色、翅的长度、触角的形状和毛被等，因此导致鉴定上的困难，并造成许多同物异名的出现和分类上的混乱。

第二节　毛被与其他被覆物

盲蝽科种类的体毛类型和毛的分布状况等特征较为稳定，成为常用的分类特征。盲蝽亚科的体毛多为刚毛状毛（setose hairs，setae），圆柱形，简单而向端渐细，由近乎平伏至直立生长不等，多为黄褐色至黑色，在光照下不具特殊的闪光。刚毛状毛在扫描电镜高倍放大下，毛的表面结构不同，有些光滑简单，有些则具螺旋状纹，有些则具约平行的刻纹等。另一类较常见的类型为丝状毛（sericeous hairs），在光照下呈现特殊的闪光，外观常为银白色，毛体在中部或多或少加宽，成亚鳞片状，从侧面观可以察知，在标本上可挑选已从毛基脱落而侧卧于体表的毛进行观察，此类毛常平伏而微弯，并常较刚毛状毛更易因摩擦而脱落，在分类实践中需加注意，在经过受摩擦的标本（如用诱虫灯诱杀的个体）中，此类毛在虫体表面相对下凹的部分（如爪片缝的两侧、爪片内侧与小盾片相邻的区域等处）可残存少数。

毛斑：部分种类中，同一种中常同时具有几种不同的毛，镶嵌排列，因所指方向和闪光情况不同，外观成各种形式的斑块状，称毛斑（hair patches）。

粉被：粉被（pruninosity）为一密层外观成粉末状的被覆物，在黑褐色的背景上常呈灰蓝色或浅灰色，在黄褐色或锈色背景上常呈灰黄色，使原来有光泽的体壁成为无光泽状。粉被多分布在胸部侧面和腹面以及头部的某些部分。在SEM放大下，粉被实为一密层极短的小毛。粉被的功能至今尚无定论，有人认为与保护体壁以免被磨损有关。

毛因摩擦可致脱落，水浸、油污可导致变形、变色、闪光的丧失、以及黏并等等，这些均将造成鉴定时的麻烦或错误，因此在采集、制作和保存标本时必须认真考虑和对待这一问题，尽量保持毛被的天然状态。

第三节　头　部

盲蝽亚科头部在盲蝽族中多数为斜下倾、半垂直或垂直，侧面观大致成椭圆形，头的长度一般较短。

额（frons）（图1B－b）与头顶（vertex）（图1B－a）之间没有任何外表可见的沟缝分割，形成一完全连续的额－头顶区（fronto-vertex），成为头部背面的主要区域，其前方与唇基相邻，两侧则为复眼。该区域一般均匀地略为饱满拱隆。此区域的后半一般考虑为头顶，头顶常具有一下凹的中纵沟（longitudinal sulcus of vertex），沟的长短、深浅随种类而异，或缺；由沟的两端可有浅沟纹向侧前方或侧后方伸展，而大致成“Y”形或英文早期书写体的“X”形。额－头顶区在盲蝽亚科中表面常光滑无刻点，但在不少种类中，中纵沟两侧区域常具有各色细微刻纹状的表面构造（microsculptures），其构造、形状和分布范围在种、属内均较稳定，在 SEM 高倍放大下可见，可以成为有用的分类特征，但目前尚研究不够。头顶的后缘简单，或棱起成一细嵴状，称后缘嵴（basal carina of vertex）（图 1C – a），此嵴的高低及完整程度（全长成嵴状、或只两端成嵴状而中段平坦等）常用作属、种的分类特征。额 – 头顶区的前半为额，额部两侧常具多条成对的平行短横带，有时斜列，颜色常深，实为体壁下的肌肉束着生处的痕迹，有些种类中只隐约可见，或因沿横带成行排列的小毛而觉察其存在，部分种类中则在与各横带相应处的体壁略隆起而成若干平行的低圆棱状。头顶的宽度常具雌雄差异，为常用的分类特征。

唇基（又称“中叶”，clypeus，tylus）（图 1B – f）位于额的前方，成狭三角形或狭片状，其基部与额之间无明确的额 – 唇基缝，但常可见由不同程度的凹痕分割。在盲蝽族中，唇基与额多成一连续的弧面，二者之间不成一明确的角度折弯。在少数属种中，唇基两侧压扁，其前部略成薄片状。唇基基方两侧与复眼之间常为触角窝所在之处。

上颚片（又称“侧叶”）（mandibular plate，jugum）（图 1B – d）位于唇基两侧或侧下方，侧面观一般呈三角形的小片状，向前一般不伸达唇基末端，多数紧贴于头部，为上颚口针基端在其上附着的骨片；在多数种类中较短于下颚片，其前端被下颚片所封闭；部分种类的上颚片较长；或前面观较为扁宽，向两侧伸出成檐状等等。

下颚片（maxillary plate，lorum）（图 1B – e）位于上颚片的下方（或后方），成狭片状，为下颚口针基端附着的骨片；一般长于上颚片，其基方与颊（gena）相连续，其间全无界限。颊则组成头壳侧下方眼下的部分，表面常光滑简单。小颊（buccula）为位于喙基部两侧的一对小片状构造，在盲蝽亚科中，小颊多数较短，向后迅速变狭尖，下缘弧弯，种属间形状变化较少，作为分类特征应用不多。

复眼（eye）一般较大，与前胸背板接触或不接触，如与之远离时眼亦多位于头侧缘的中部，极少位于前端。复眼基部在少数情况下向两侧突伸，略呈眼柄状。复眼侧面观的高度、在头部侧面观中所占据的位置以及与其前方各构造之间的相对距离常为有用的分类特征。盲蝽亚科中，复眼上常无直立小毛。盲蝽科中，除树盲蝽亚科（Isometopinae，部分学者视之为独立的科）外，绝大多数种类全无单眼，但在个别种类中则可见单眼残留的各种表现，这种现象在合垫盲蝽亚科（Orthotylinae）中出现较多；说明单眼的消失是一种后生现象，盲蝽科的祖先应是有单眼的。

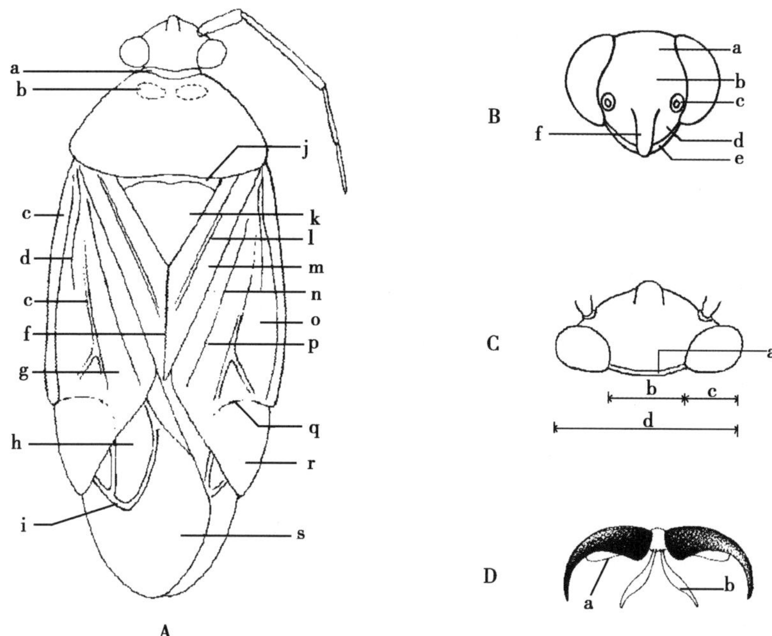

A. 身体背面图（dorsal view of body）

a. 领（collar）；b. 胝（callus）；c. 缘片（embolium）；d. 革片中裂（median fracture of corium）；e. 革片中部纵脉（median longitudinal vein of corium, or vein R + M）；f. 爪片接合缝（claval commissural margin）；g. 内革片（endocorium）；h. 膜片翅室（cell of membrane）；i. 膜片翅脉（vein of membrane）；j. 中胸盾片（mesoscutum）k. 小盾片（scutellum）；l. 爪片脉（claval vein）；m. 爪片（clavus）；n. 爪片缝（claval suture）；o. 革片（corium）；p. Cu 脉（vein Cu）；q. 楔片缝（cuneal suture）；r. 楔片（cuneus）；s. 膜片（membrane）

B. 头部前面观（front view of head）

a. 头顶（vertex）；b. 额（frons）；c. 触角窝（antennal fossa）；d. 上颚片（mandibular plate）；e. 下颚片（maxillary plate）；f. 唇基（clypeus）

C. 头部背面观（dorsal view of head）

a. 头顶后缘嵴（basal carina of vertex）；b. 头顶宽（vertex width）；c. 眼宽（eye width）；d. 头宽（head width）

D. 盲蝽亚科前跗节（pretarsus of Mirinae）

a. 爪垫（pulvillus）；b. 副爪间突（parempodium）

图1　盲蝽科昆虫外形（仿郑乐怡，2004 图）

头的最后部分为“颈”（neck），为位于头顶后缘后方的短筒状构造，多数情况下被前胸背板遮盖而看不见，因此在分类特征中很少使用。颈有时颜色与光泽不同于头顶部分。

触角（antenna）4节。多数着生于眼内缘的中段或其下方（或前方）。触角窝（antennal fossa）（图1B－c）的位置为较常用的分类特征。触角一般较为细长，但除竹盲蝽族以及其他一些属以外，触角特别细长者很少。触角第一节多数粗于其他各节，常远伸过头的末端；第二节常最长，线形、香肠形或向端微加粗，不少种类向端膨大成棒状；第三、第四两节多为细线形，往往为4节中最细者，部分种类此两节的体壁似较柔薄，干标本中常皱缩不整，毛被亦与前两节不同，显然存在功能上的分工。触角毛被多样，前两节的毛变化较后两节变化更为复杂。触角毛的特征在分类鉴定中常用，但其超微结构和功能的专门研究至今尚极少。部分属种在触角节形状、颜色、长短比例、毛被情况等方面存在雌雄差异。触角特征在分类鉴定中常用而且重要，但盲蝽科的触角常易断落，因此在采集和制作标本过程中需加注意。

喙（rostrum）直，不取食时平置于腹下，全长紧贴身体腹面。4节，第一节明显，长度与其余各节相近，不特别短小，常略粗于其他各节，侧面观后端的厚度加大。各节的相对长度常随种类而异，若干分类学者采用喙各节的长度比例作为分种特征之一。喙多数伸达中足或后足基节一带，短者只达前足基节端部，而长者可伸达腹部端部的生殖节处，但此类喙很短或很长的种类不多。喙的长度在某些种类中相当恒定，也许与食性的功能制约有关。喙伸达的位置虽为常用的分类特征，但使用时需注意在具体标本中因头部的俯仰情况所造成的误差。

除头部的各个组成部分的特征外，头的总体形状在分类鉴定中应用亦广。总体形状包括头的位置、轮廓形状、眼的位置和所占比例、眼前部分的大小、比例等等，这些特征的完善描述常需从背面观、侧面观与前面观（或正面观）3个角度的观察综合组成。

第四节　胸　部

前胸背板梯形，少数种类因后缘在小盾片二基角处向前折弯而成六角形。背面较平或饱满拱隆；常不同程度地向前下方倾斜，由平置到与体轴几成垂直不等，身体厚实的种类前胸背板前倾常较强烈。在盲蝽亚科中，前胸背板的前端有一狭带状的“领”（collum，collar）（图1A－a），领的后缘以一明显的深凹痕与前胸背板的其余部分分开。领的粗细、高低、颜色、有无光泽、领上是否有毛或毛被的情况均为有用的分类特征。在领后则为成对胝（callus）（图 1A－b），胝区占前胸背板长的 1/4 ~ 1/3；胝一般略隆起，但亦有接近完全平坦者，椭圆形、略横列、或约成圆形或方形；在盲蝽族（Mirini）中，胝表面下凹成盘曲状带纹的胝纹（或称“眉状痕”）（cicatrice）多不显著；胝向外侧延伸的程度不同，或终止于远离前胸背板侧缘处，或可伸达背板的前侧角；二胝或全长相连、或只前半相连、或完全分开不等，均随种、属而异；胝区及胝间区的表面结构（刻点、毛被等）可与盘域不同。前胸背板与侧板之间的夹角在盲蝽亚科中多数为不同程度地圆钝过渡，部分类群则成一锐缘。背板的侧缘区域在背面多数简单，少数种类则逐渐地或较突然地成为不同程度的薄边状（carinate，lamellate）。前侧角与后侧角多数均较圆钝，仅极少数种类后侧角尖锐。背板表面可具深浅不一的刻点、或粗糙不平、或成较明确的横皱、或同时具有刻点与横皱而成所谓“点皱状或刻皱状（punctato-rugulose）”。

盲蝽科的中胸盾片（mesoscutum）后部常大量外露，不完全被前胸背板所遮盖（图 1A－j），此点与半翅目异翅亚目大部分陆生科不同；此倒梯形的外露部分常与其后的中胸小盾片（scutellum of mesothorax，常简称为“小盾片”）（图 1A－k）共同成为一个三角形的构造，两者的质地相同，外观极易将此混合的构造误认为小盾片本身；在许多描述中，有关小盾片的描述常实际包括了两种构造的特征。中胸盾片与小盾片间以一清楚的横沟划分。盲蝽科的小盾片在半翅目异翅亚目中相对较少，明显短于前翅长之半，盲蝽亚科亦不例外；大致为等边三角形或略为狭长；小盾片表面平坦或饱满，少数种类中强烈隆出成小丘状等等。

前翅（fore wing）又称半鞘翅（hemelytron）；前翅的基半革质，此部分又称前翅的革质部（corial portion of fore wing）。前翅包括以下部分。

爪片（clavus）（1A－m）：为斜梯形的狭长骨片，内、外缘平行，翅收拢平置于背面时位于小盾片两侧；在盲蝽亚科中爪片相对宽大而显著，其内缘的前半与小盾片相邻，又称爪片的小盾缘，内缘的后半与前半之间成一钝角折弯，左右二翅的此缘后半在小盾片后相遇，相当于身体的中纵线，称爪片的接合缘（commissural margin）（图 1A－f）；在盲蝽亚科中，爪片接合缘相对较长而显著，多数长于或等于小盾片长；爪片的外缘与革片相邻，成明显的直缝状，称爪片缝（claval suture）（图 1A－n），爪片与革片之间在一定程度上可依此缝略为折动；爪片中央或中央附近可见一根明显隆起的纵脉，一般称之为爪片脉（claval vein）（图1A－l），多数贯全长或几贯全长。

革片（corium）：位于爪片外侧（在翅展开时位于爪片前方），为前翅中面积最大、最为宽阔的部分，大致成三角形，一般较平坦；中部偏外侧有一纵走的裂痕状缝纹，称"中裂"（median fracture）（图1A－d），有时只基半明显；前翅外半的翅脉常只成痕迹状，最明显的为中裂旁的纵走倒"Y"形脉，在端半分为二叉，伸达革片后缘，此脉的内支向后延伸切过楔片的内半，并成为膜片小室的内缘脉；此脉的性质有认为是R＋M（Wagner，1972等），也有认为是R＋M脉的M分支（Schuh，Slater，1995；Schwartz，Foottit，1992），按后一看法，R＋M的R分支相当于革片与缘片的交界线。在认为该脉是R＋M的意见体系中，革片位于此脉外方的区域称为外革片（exocorium），位于此脉内方的区域则称为内革片（endocorium）。由于此中裂旁的纵脉性质和命名尚无定论，本书在种类描述中，常称此脉为"中部纵脉"。在接近爪片缝处为另一纵脉，常认为是Cu脉。多数情况下，盲蝽亚科的前翅骨化加厚，并具各种色斑，致使爪片与革片上的上述翅脉常隐约而不显著，或几不能辨；但在有些类群中，翅脉常很明显。革片与爪片上的刻点和毛被特征为常用的分类特征，在同属近缘种的区分上常很重要，包括刻点的密度、大小、深浅、分布情况，毛的类型、颜色、疏密、倾斜程度、指向、分布、长度、与刻点的关系等等。

缘片（embolium）（图1A－c）：为前翅最外方（静止时）的狭片，位于革片的外侧，常两侧平行，外观成为革片的狭边状。缘片一般无刻点。亦有认为与外革片（exocorium）相当（Schuh，Slater；1995；Schwartz，Foottit；1992），在此种意见的体系中，则传统意义上盲蝽科的"革片"则实与其他异翅亚目的"内革片"（endocorium）相当。

楔片（cuneus）（图1A－r）：为位于革片与缘片后方的三角形部分，与革片之间以一明显的横缝分割，此缝称为前缘裂（costal fracture），或称楔片缝（cuneal suture）（图1A－q），由翅的外缘内伸达于革片后缘之半处，楔片常依前缘裂下折，其后的前翅翅面与革片之间成一角度，斜遮腹部的后端；在体厚而腹短的种类中更为多见；这种情况常伴随在前缘裂的外端出现较大的缺口，以利楔片的下折。楔片在盲蝽亚科中多数光滑无刻点；毛被一般较革片为稀短，或无；但亦有相当稠密者。在盲蝽亚科中，一些属、种的楔片最外缘侧面观的颜色成为有用的分类特征，在鉴别时常加应用。革片M脉（或其内支或后支）在前缘裂内端处成痕迹状伸入楔片，将楔片纵分为质地、颜色等有所不同的内外两部，内半较小，成三角形，颜色常与革片相同或近似，Schwartz、Foottit（1998）称之为“paracuneus”，本书试称为“副楔片”，此一构造的辨识并给以专门的命名，对于种类的精细描述将是有益的。

膜片（membrane）（图 1A－s）：为前翅革质部以后的膜质部分，与一般昆虫前翅的质地相同，包括盲蝽亚科在内的大部分亚科膜片上的脉明显，少而简单，围成位于膜片基半的两个翅室（图 1A－h），一大一小，大室位于内侧，小室位于外侧偏基方，似被大室所包围；小室的内缘（或后缘）外观为 M 脉的延续；大室的内缘似由从膜片内基角（或后基角）区域伸入的 Cu 脉的外支（或前支）组成，Cu 脉在进入膜片后随即分为二岔，内支（或后支）沿膜片内缘向端方延伸，将膜片的内基角（或后基角）划出成一质地常为不透明膜质的狭片状区域，本书称之为“小膜片”（membranelle）；大室的端角处应与其他臭虫次目（Infraorder Cimicomorpha）前翅膜片的桩脉（stub 或 corial process）的位置相当。单室盲蝽亚科（Bryocorinae）的膜片则只有一个大室，只在有些种类中仍可看出两个室的痕迹。膜片一般无毛，但少数种类中可具相当密的微毛。

此亚科中部分种类存在翅的多型现象。短翅型个体中，前翅膜片不同程度地缩短，直至几乎完全消失，革质部亦可缩短而露出腹部。在这些个体中，随翅的缩短，前胸背板的形状亦常发生相应的改变，因而与一般的长翅型个体的前胸背板特征不尽相同，在鉴定工作中需加注意。

在描述淡色种类前翅的颜色时，需注意下述问题：这类淡色种类的革片常略微有些半透明，前翅下面的后翅与腹部如存在时，则因阴影的透映而使背面观的革片颜色显得比实际的革片颜色更深，造成假象。此外，干标本有时会因体内脂肪的游离而造成身体成油渍状，出现颜色加深的假象，淡色个体前翅的颜色受到的这类影响常最明显，也需加以注意。

盲蝽科后翅（hind wing）膜质，极薄，脉有时微弱而无色，成痕迹状。后翅脉相特点为：Sc 脉不明显，位于前方边缘；R＋M 与 Cu 脉的端段（游离段）直而简单；钩脉（hamus）无；“中室”形状简单，端缘平截；肘域（cubital area）中的次生脉（secondary vein）多为一根，直而简单；后肘域中具一较长大的“V”字形二分岔的脉，前支为 Pcu，后支为 1A，臀域有时有一根 2A，但常消失。各亚科后翅脉相变化很少（Davis，1961），作为分类特征亦甚少应用。

胸部侧板同异翅类一般构造。中胸侧板与后胸侧板发达程度相近。后胸侧板上的臭腺沟（scent gland groove）短，向端渐粗，略成窄三角形；沟缘（peritreme）肥厚而较短；蒸发域（evaporative area）（图 3 – d）明显，质地与周围区域有明显差别，不少胸部下方黑色或整个身体下方全为黑色的种类中，臭腺蒸发域为很淡的黄白色，因而十分醒目；这种现象是否有某种特定的生物学意义，至今尚不明了。

盲蝽亚科的足相对细长，各部分特点如下。

前、中足基节圆锥形，向下伸出，左右基节的端部相互靠近；后足基节多数为枢纽型，横列，少数类群为球窝型。

股节多数较细而呈简单匀称的狭纺锤形，后足股节也不显著加粗，少数种类股节端半下方具刺，亦可在端部突然变细。盲蝽科中足与后足股节下方有若干毛点毛（trichobothrial hairs），为基部着生处有一小凹陷或一圆锥形毛基的单根垂直细长毛，其基部周围在盲蝽科中常有一无光泽的圆形小毛斑（trichoma）；异翅类各科中，足部有毛点毛的科目有盲蝽科，此特征已有的研究说明毛点毛数目及其他方面在不同类群中呈现差异。盲蝽亚科的毛点毛数目在各亚科中相对较多，已有记录中足股节 5 ~ 6 根，后足 5 ~ 10 根（Schuh，1975；Schwartz，1987）。

胫节一般细长，其上的毛被和胫节刺的特征在分类中常用；在“丽盲蝽属群”（*Lygocoris*-group）及其邻近类群中，胫节刺的基部深色点斑的情况亦为有用的特征。

跗节（tarsus）3 节，跗分节的相对长度为亚科内的族级特征。

前跗节（pretarsus）的构造在盲蝽科的高级阶元分类中致关重要，包括爪本身与爪间的一些结构：

爪（claw）的形状、弯曲程度、是否有齿等等，均为有用的分类特征；在盲蝽亚科中，爪大多数简单。

爪间结构情况在盲蝽科中较为复杂，据 Schuh（1976）的研究，现知包括以下构造：一类为“副爪间突（parempodium）”（图 1 – D 中的“b”），为着生于爪间的掣爪片端部的一对刚毛状或片状构造，着生于浅窝中；片状的副爪间突则似由刚毛状构造发展加宽而成，成窄片状，或端半略加宽，其上的螺旋纹或纵纹只可见于腹面，由基部向端渐向两侧分歧，成“八”字形，盲蝽亚科属此类型（图 1 – D）。

另一大类为附着于爪下或爪内面的垫状或泡状构造，多少呈肉质，称“爪垫（pulvillus）”（图 1 – D 中的 a）。爪垫可分为两类：一类着生于爪下，着生部位可在爪的基段，中段或近全长，形状大小不一，小者只成极小的泡状，大者几与爪等长，见于盲蝽亚科（图 1 – D）；此类爪垫的质地在一些小形种类中常较薄，当爪垫很小时，常不易看清。

第 3 大类爪间构造称“pseudopulvillus”或“accessory parempodium”，亦为垫状或刚毛状构造，因此很容易与爪垫混淆，但此构造或多或少与掣爪片相连；如为刚毛状时，其基部与掣爪片相连处缺少关节，可以与典型的副爪间突相区别；当副爪突存在时，成对的刚毛状 pseudopulvili 常位于副爪间突两侧。

以上构造的细致区分，有时需在高度放大下才能明辨。

盲蝽亚科的爪间结构较为一致：副爪间突片状，较大而明显，向端渐分歧；爪下均具较明显的垫状爪垫（图 1 – D）。

在较早期的文献中，副爪间突曾被称为“arolium”，在中文文献中曾译为“爪垫”（此译名与常规译名不符），现认为此构造与 arolium 不同源。又 pulvillus 则曾被称为“pseudarolium”，中文曾译为“假爪垫”；此二称谓目前一般均已不再使用。

由上述可见前跗节构造在盲蝽科分类中的重要性，对于一头跗节或前跗节断缺、或粘有异物、或足全部断缺的分类地位不明的标本，根据外部构造有时不易最后确定它的亚科归属；由此可见标本质量和完整性的重要。

第五节　腹　部

腹部大致成圆筒形，背板骨化不很强，因而在呼吸、饱食或怀卵时腹部背腹两面均可膨胀。腹部侧方的侧接缘（connexivum）在颜色和骨化程度上分化不明显，不呈薄边式的构造。腹部第 1 腹节退化不可见，第 2 节腹节背板常很短或不完整。腹部第一对气门位于胸、腹部之间，第二至第八对气门均位于各节的腹面。

盲蝽亚科中，雄虫腹部第 9 节膨大伸长，成为两侧不对称的生殖囊（genital capsule，pygopher，pygofer）（图 2 – f），其端部向背方开口，称生殖囊开口（opening of genital capsule），开口的两侧各着生一枚阳基侧突（paramere），或称抱器（clasper）；左右两枚阳基侧突形状不对称，一般左侧者大，弯曲成钩状或镰状（图 2 – e，图 3 – B）；右侧的阳基侧突短小，较直，多成大致两侧平行但不甚规则的狭片状（图 3 – C）。开口的边缘在阳基侧突着生处附近可有一小形突起，常成指状。阳基侧突基半的主体部分称阳基侧突体部（body of paramere）（图 3B – a，图 3C – a），为阳基侧突中最粗的部分，体部的内侧常略膨大或加粗而向内侧突出，此部分称“感觉叶（sensory lobe）（图 3B－b），在左阳基侧突中常较明显；右阳基侧突体部基方外侧常折弯成一角度，Schwartz、Foottit（1998）称之为“basal region”，本书中译为“基域”。阳基侧突端半的部分较体部为狭细，秤杆部（shaft of paramere）（图 3B－c），常弯曲，在左阳基侧突中较为长大，长与体部长度相近，在右阳基侧突中则狭细而短小，明显短于体部。杆部的端部多不同程度地扩大并变形，此部分称端突（hypophysis）（图 3B－d，图 3C－d），右阳基侧突的杆部和端突常连续成一体，在这种情况下，本书统称之为“端部”（distal portion of right paramere）。阳基侧突的形状为常用的分类特征。

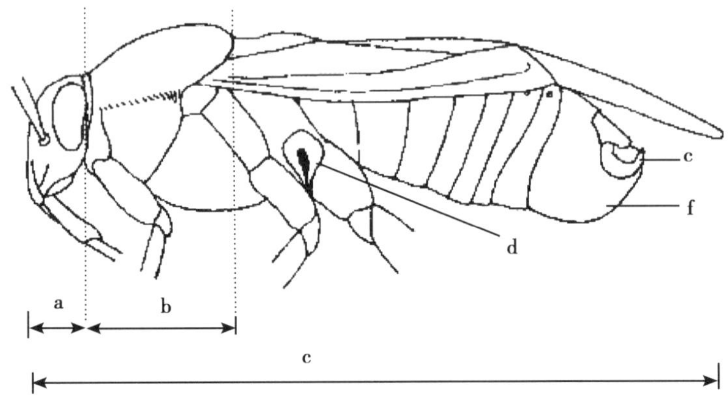

a. 头长（head length）；b. 前胸背板长（pronotum length）；c. 体长（body length）；d. 臭腺及其周围构造（ostiolar peritreme）；e. 左抱器（left paramere）；f. 生殖囊（genital capsule）

图 2　盲蝽族昆虫雄虫身体侧面观（仿郑乐怡，2004 图）

盲蝽亚科的阳茎在盲蝽科中相对较短，阳茎基（phallobase）包括以下构造：马蹬形的蹬骨片（stapes），包围阳茎底部，由其背方两侧端各伸出一根韧带，与位于生殖囊内壁上的蘑菇形骨片相连，称头状突（capitate process）。阳茎鞘（phallotheca）约成短筒形，向端常扩大，全部骨化或骨化不均匀，顶端成叶片状，并展开约成喇叭状，边缘常成形状固定的卷边或突起，称为阳茎鞘片状突（tab）。阳茎端（vesica）（图 3－A）为位于阳茎鞘端方并被阳茎鞘包围或半包围的构造；盲蝽亚科阳茎端的特点为：主要由宽大而可在体液的压力作用下膨胀展开的膜囊（membranous sac）组成，膜囊常分为相互连通的几个膜叶（membranal lobes）（图 3A－f），平时膜囊缩成一团，被阳茎鞘的顶部所包围，膨胀时各膜叶依次展开。膜囊上常具有各种刺状、针状、钩状、锉状、梳状、片状骨化附器（sclerotized appendages），按性质可分为两类：一为源自阳茎端基部并相对游离的细长骨化附器，常为针状或刺状，称为针突（spicule）（图 3A－d）；另一类则着生于膜叶表面，或为膜叶表面骨化而成，统称为膜叶骨化附器或膜叶附器（lobal sclerites 或 lobal appendages）（图 3A－a，图 3A－e，图 3A－g，图 3A－h）。在阳茎端与阳茎鞘之间有时可以辨出贴附于阳茎鞘端部展开部分的内面的膜质系膜（conjunctivum），系膜与阳茎端二者共同组成内阳茎（endosoma）；系膜可以翻转缩入阳茎鞘或伸出，阳茎端则不能翻缩，只能膨胀或收缩；盲蝽亚科的系膜上除少数种类外均无骨化附器（Kerzhner，Konstantinov，1999）。导精管（seminal duct）（图 3A－c）较粗而明显，管上具骨化的环纹，用以保持管的圆筒形状，开口于阳茎端上，称次生生殖孔（secondary gonopore）（图 3 A－b）；此孔被阳茎端的膜叶所包围，孔口周围成一似具密横纹的骨化孔缘，高倍放大下密排成环状的短刺；导精管的亚端部常有一成壶腹状的膨大部分。由于阳茎的构造复杂并具种类特异性，因而成为优良的分类特征。膜叶表面在光镜下表现光滑或具小颗粒状突起，但 Clayton（1989）报道，*Lygus lineolatus* 阳茎端的膜叶表面在扫描电镜的高度放大下可见遍布极微小的毛刺状构造。

在科内，盲蝽亚科的阳茎的构造模式与齿爪盲蝽亚科相似，阳茎端均由宽大可以膨胀的膜囊组成；其余亚科则有较大的不同。因此盲蝽亚科的阳茎构造模式不能代表盲蝽科中的其他多数亚科的模式。

雄虫第 10 节（或第 10 与第 11 节）组成载肛突（proctiger），盲蝽亚科中载肛突的左壁常甚发达，向腹方扩展成各式的瓣片状，伸达左阳基侧突着生处，遮盖生殖囊开口，外观成为雄性外生殖器的一个组成部分。

雌虫腹部末端为产卵器，其基本构造同一般半翅目或盲蝽科产卵器。产卵器的长度可以作为参考特征，但其作为分类特征的价值研究不多。雌性外胚层起源的生殖管道中，在分类上有用的构造为交配囊后壁（posterior wall of bursa copulatrix）和环骨片（ring sclerite）分述如下。

在盲蝽亚科中，雌性由生殖孔进入体内不远即为交配囊（bursa copulatrix），为一宽大的囊状结构，此囊的后端或底部即为产卵器基端两对产卵瓣的弯转处，在此处的前方中央有一些多少骨化的构造，紧密叠成一组复合结构，常与体轴成垂直方向，总称“交配囊后壁”，包括以下构造：位于背侧最前方的一对瓣状骨片称侧叶（laterallobe），一般较大而显著，有时在中央愈合为

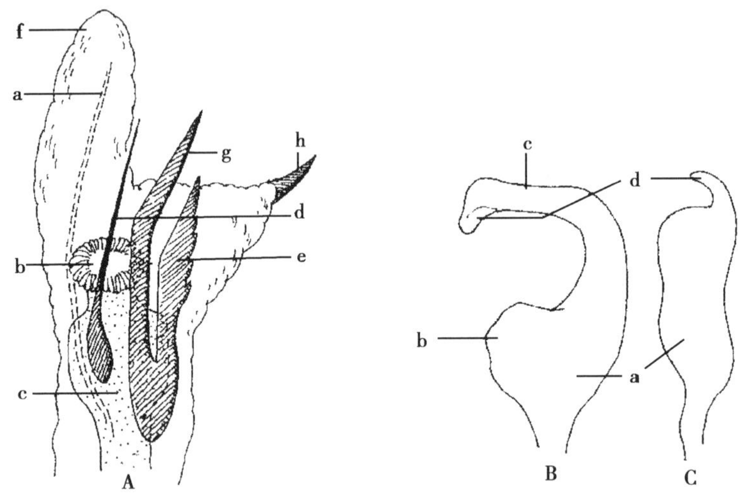

A. 阳茎端（vesica）（以后丽盲蝽属为例，of *Apolygus* as an example）

a. 中骨片（median sclerite）；b. 次生生殖孔（secondary gonopore）；c. 导精管（seminal duct）；d. 针突（spicule）；e. 翼骨片（wing sclerite）；f. 膜叶（membranal lobe）；g. 腹骨片（ventral sclerite）；h. 侧骨片（lateral sclerite）

B. 左抱器（left paramere），C. 右抱器（right paramere）

a. 抱器体部（body of paramere）；b. 感觉叶（sensory lobe）；c. 杆部（shaft）；

d. 端突（hypophysis），或右抱器端部（or distal portion of right paramere）

图3　草盲蝽复合组（*Lygus* complex）昆虫雄性生殖器构造（仿郑乐怡，2004 图）

一，成横带状或三角形大片；其腹方的一对瓣状骨片称支间叶（inter-ramal lobe），常较侧叶为小，较少在中央愈合，其表面有时被有微毛；在侧叶和支间叶的后方或后腹方为一大形的片状构造，称支间骨片（inter-ramal sclerite）；在交配囊后壁的中纵线上，有两种单个的略为隆出的构造，圆形、梭形、帽状或水滴状，其一位于背侧，称背结构（dorsal structure），常位于两个侧叶之间的位置，另一位置偏于腹方，常突出于支间骨片的中线上，称为中突（median process）；背结构与中突二者在具体种类中均可缺失。

环骨片为位于交配囊前方背面的袋状储精室（seminal depository）背面基方的成对环状骨化构造，成长方形、亚圆形、或三角形，可能是一种腺体的骨化边缘；环骨片所在的部位又称储精室的背唇片（dorsal labiate plate）。此外，盲蝽亚科许多属、种在储精室主体的背壁上尚有一对大形的骨环，大致成圆形，环细而波折，由于储精室壁柔薄，此一特征常不引起注意。

以上两类构造的具体结构常因属、种而异，其分类价值近年来日益得到肯定，在盲蝽亚科中这方面已积累的属、种资料渐多，对于雌性个体的准确鉴定将有所助益。

第六节　卵

盲蝽亚科的卵据所已知资料多为略弯曲的香蕉形，或为较短直的圆柱形，埋产于植物组织中。卵的前端暴露于外，此端有一较卵体略粗且有一定厚度的盖状构造，称卵盖（operculum），卵盖侧面具有许多平行的纵走细微沟状开口，称呼吸孔沟（aerophylar canal），与卵壳下的海绵组织相通，用于卵的气体交换。盖的一端或两端常有一突起向端方伸出，其上亦有细微的呼吸孔（aeropyle）开口，亦司气体交换的作用，称呼吸角（respiratory horn）；在插入基质较深的卵上，呼吸角常长，成细杆状。

第七节　若　虫

若虫阶段一般分为 5 龄。除体较小、体壁较弱、无翅或只具翅芽、跗节 2 节等一般半翅目 - 异翅亚目若虫特征外，头部、前胸背板和小盾片的中纵线处有时可出现蜕裂线或其痕迹，但常不显著或只呈淡色纵纹状。腹部背面在第 3、第 4 两节背板之间的中央处有一对相互紧靠的小孔状臭腺孔开口，孔的周围可有深色或红色的骨化区域。此外，若虫的体色、花斑、毛被等常与成虫期不同，各龄期也有差异。

我国盲蝽亚科种类的若虫详细的研究不多，合乎分类学要求的描述更少。但若虫性状在分类和系统学方面无疑应有重要的地位。

第四章　蒙新区草盲蝽复合组昆虫检索表及种类记述

第一节　蒙新区草盲蝽复合组昆虫检索表

一、蒙新区草盲蝽复合组昆虫分属检索表

1. 前胸背板刻点粗大。后足膝部常有一深色斑，胫节刺黑色。左抱器感觉叶表面具若干短棘刺（图 4－1） ……………… 草盲蝽属 *Lygus*
前胸背板刻点大小中等。后足膝部无深色斑。左抱器感觉叶表面无短棘刺（图 4－2） ……………………………………………………… 2
2. 体黑褐，较长，光泽强。头顶后缘无嵴或只两端具嵴。前胸背板后缘狭细地黄白色，刻点深浅不一且不规则…… 树丽盲蝽属 *Arbolygus*
体色较淡，黄褐色，绿色或褐色。头顶后缘具明显的嵴。前胸背板后缘不如上述 …………………………………………………………… 3
3. 左右抱器感觉叶均具瘤状或指状突起（图 4－3、图 4－5）。阳茎端具“锉叶”及“箍骨片”（图 4－7、图 4－8） …………………… …………………………………………………… 新丽盲蝽属 *Neolygus*
左右抱器感觉叶无瘤状或指状突起（图 4－4、图 4－6）。阳茎端无“锉叶”及“箍骨片”（图 4－9、图 4－10） ……………………… 4
4. 体较狭长。头顶中纵沟两侧区域具极细小的网格状微刻。阳茎端除针突外，无其他明显的针刺状骨化附器（图 4－9） ……………… …………………………………………………… 丽盲蝽属 *Lygocoris*
体椭圆形。头顶中纵沟两侧区域多光滑，无小网格状微刻。阳茎端除针突外，尚具其他明显的针刺状骨化附器（图 4－10）。阳茎端只具 1 根针突 …………………………………… 后丽盲蝽属 *Apolygus*

二、蒙新区草盲蝽复合组昆虫分种检索表

（一）蒙新区草盲蝽属昆虫分种检索表

1. 头额区具若干成对的平行横棱 ………………………………………… 2
   头额区表面光滑，无若干成对的平行横棱，但可见若干成对的平行深色横纹 ……………………………………………………………… 3
2. 革片毛主要为具闪光的丝状毛。胝区光滑无毛 …………………………………………………………………… 棱额草盲蝽 *L. discrepans*
   革片毛刚毛状，无具闪光而略宽扁的丝状毛 …………………………………………… 长毛草盲蝽 *L. rugulipennis*（部分）
3. 革片主要为略微宽扁的闪光丝状毛 ……………………………………………… 邻棱额草盲蝽 *L. paradiscrepans*
   革片无具闪光的丝状毛 ………………………………………………… 4
4. 革片刻点直径约为前胸背板刻点之半，密度约为前胸背板刻点之倍 ……………………………………………………………………… 5
   革片刻点直径以及密度与前胸背板刻点相似或差距不大 ……………………………………………………………………………… 6
5. 头顶明显很窄，雄狭于眼（0.9：1），雌略宽于眼（1.07：1） …………………………………………………………… 狭长草盲蝽 *L. poluensis*
   头顶明显宽于眼（雄 1.3：1，雌 1.4：1） ……………………………………………… 长毛草盲蝽 *L. rugulipennis*（部分）
6. 革片中部刻点不密于前胸背板刻点，后部可有一刻点显然稀疏的区域 ……………………………………………………………… 7
   革片中部刻点分布均匀，较密于前胸背板刻点，后部无刻点显然稀疏的区域 …………………………………………………………… 10
7. 小盾片只在中线两侧基部有一对三角形黑斑，成二叉状（图 5－1）。体青黄或青黄色色泽显著 ………………… 青绿草盲蝽 *L. gemellatus*
   小盾片除中线两侧的黑带纹外，在侧缘区尚有黑色带纹（图 5－2a），或具“W”形斑（图 5－2b） ……………………………… 8
8. 楔片最外缘全部淡色。体具较明显的红褐色成分 ……………………………………………………………… 斑草盲蝽 *L. punctatus*
   楔片最外缘至少 1/3 黑色。体不呈红褐色 ………………………… 9

9. 前胸背板侧区常无黑色斑带，胝后如有黑斑，则为点状，多不成纵带状（图 5－3a～3l） ························ 光翅草盲蝽 *L. adspersus*
前胸背板侧区常有黑色斑带，胝后可有黑色点状斑或黑色短纵带（图5－4a～4l） ························ 西伯利亚草盲蝽 *L. sibiricus*
10. 楔片最外缘全部淡色，或至多两端深色 ························ 11
楔片最外缘至少 1/3 黑色。头顶窄，雄虫头顶多狭于眼 ········ 12
11. 小盾片只基半部中央有一条粗黑短纵带（图 5－5a），或有 1～2 个三角形小黑斑（图 5－5b、图 5－5c），小盾片侧区无黑带纹 ······ ·· 牧草盲蝽 *L. pratensis*
小盾片具 4 条黑色纵带纹（图 5－2a），或“W”形黑斑（图 5－2b）。身体红褐色成分明显 ··················· 瓦氏草盲蝽 *L. wagneri*
12. 前胸背板侧区多有黑色带纹。小盾片全无黑斑纹或只在基部中央有一对三角形小黑斑（图 5－6a～6l）。头部多无橙色或黑褐色中纵带纹 ·· 东方草盲蝽 *L. orientis*
前胸背板侧区多无黑色带纹。小盾片具 4 条带纹，其中中央一对黑，两侧一对橙色或深色，或具“W”形黑斑（图 5－7a～7f）··· ·· 13
13. 阳茎端针突短（图 5－8） ··················· 中亚草盲蝽 *L. dracunculi*
阳茎端针突细，较长（图 5－9） ··············· 雷氏草盲蝽 *L. Renati*

（二）蒙新区丽盲蝽属昆虫分种检索表

1. 小盾片暗红、红褐、锈褐或黑褐。胝与前胸背板同色，不呈红或褐色 ······································· 红盾丽盲蝽 *L. rufiscutellatus*
小盾片与体同色，不呈红色或褐色 ································ 2
2. 前翅革片有一灰黑或淡褐色晕斑。触角第一节无黑褐纵纹。唇基端部不呈黑色 ····························· 晕斑丽盲蝽 *L. diffusomaculatus*
前翅革片一色，无深色斑 ·· 3
3. 头顶后缘嵴不完整，中部低平或消失 ··········· 原丽盲蝽 *L. pabulinus*
头顶后缘嵴完整 ·· 4
4. 体长大于 7.3 mm。前胸背板和半鞘翅毛黄褐至黑褐。触角第Ⅱ节黄褐色 ······································· 皱胸丽盲蝽 *L. rugosicollis*
体长小于 7.0 mm ··· 5
5. 前胸背板和半鞘翅毛黑褐或黑。爪片内缘及缘片最外缘狭窄地黑褐色 ··· 淡色丽盲蝽 *L. dilutus*

前胸背板和半鞘翅毛黄褐。爪片内缘及革片外缘不若上述 ……… 6

6. 触角第Ⅱ节几乎全为褐或黑褐色。腹部背面黑色 ……………………………………………………………… 完嵴丽盲蝽 *L. integricarinatus*

触角第Ⅱ节只部分深色。腹部背面不呈黑色。雄虫头顶较窄，为头宽的0.26~0.29倍，眼宽的0.7~0.8倍…… 东亚丽盲蝽 *L. idoneus*

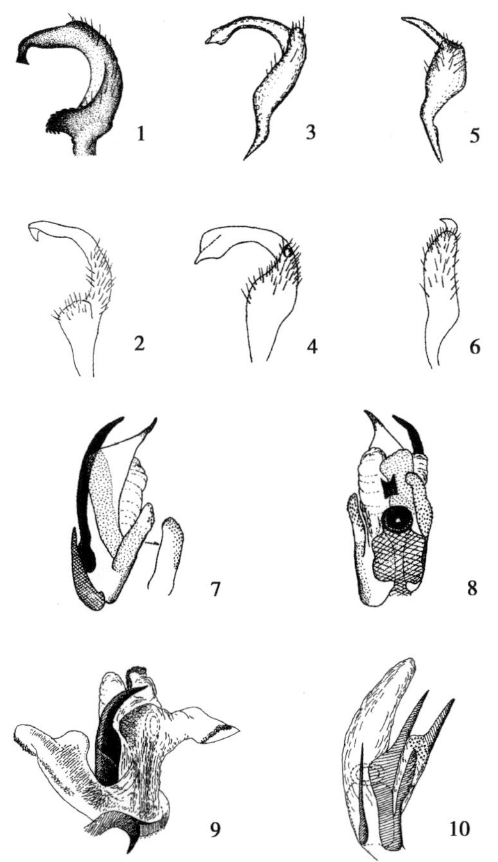

1-4. 左抱器（left paramere）；5-6. 右抱器（right paramere）；7-10. 阳茎端（vesica）

图4 草盲蝽复合组昆虫分属特征（仿郑乐怡，2004图）

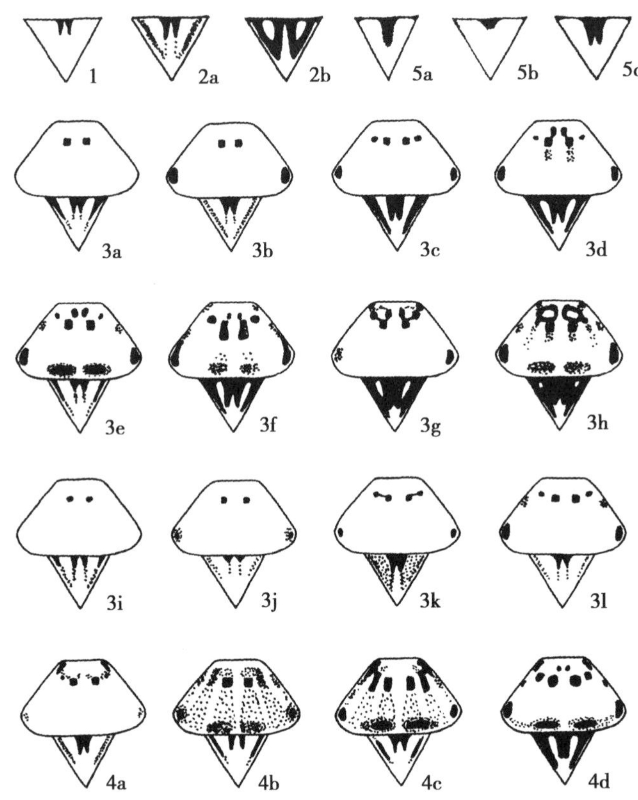

1. 2a－2b、5a－5c. 小盾片花纹特征图

3a－3l. *L. adspersus* 前胸背板及小盾片花纹特征图（3a－3h－♂♂，3i－3l－♀♀）

（1. 2a－2b、5a－5c、3a－3l 仿 Aglyamzyanov，1990 图）

图 5　草盲蝽属昆虫分种特征

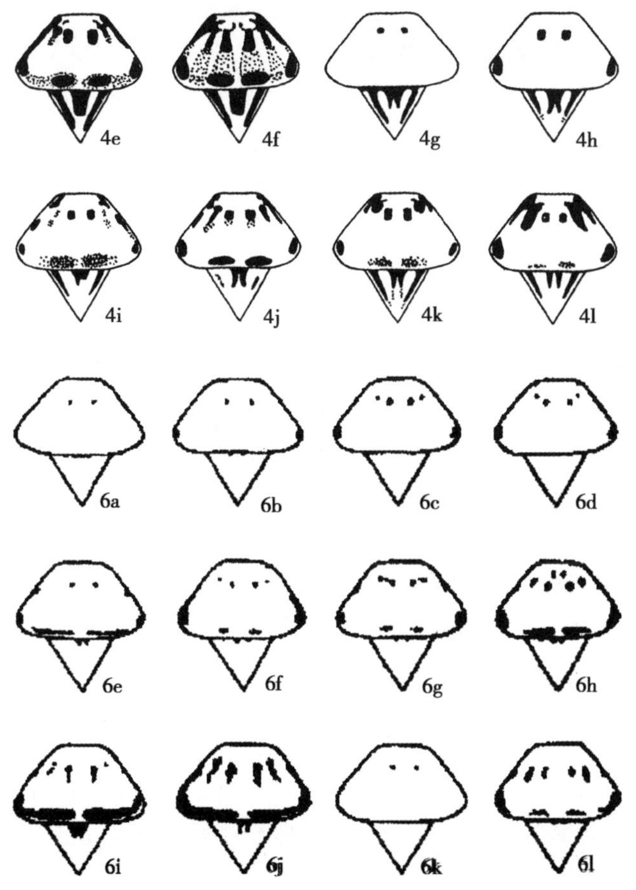

4a－4l. *L. sibiricus* 前胸背板及小盾片花纹特征图（4a－4f－♂♂，4g－4l－♀♀）

6a－6l. *L. orientis* 前胸背板及小盾片花纹特征图（6a－6j－♂♂，6k－6l－♀♀）

（4a－4l 仿 Aglyamzyanov，1990 图，6a－6l 仿 Aglyamzyanov，1994 图）

图 5 草盲蝽属昆虫分种特征（续）

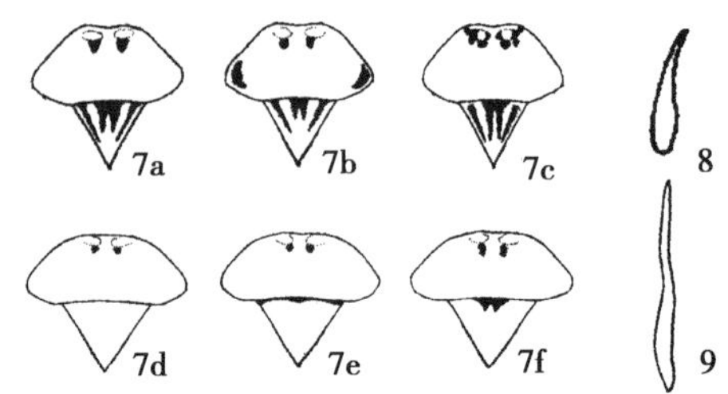

7a–7f. 小盾片花纹特征图（7a – 7c – ♂♂，7d – 7f – ♀♀）

8. *L. dracunculi* 针突　9. *L. renati* 针突

（7a – 7f、9 仿郑乐怡，2004 图，8 仿 Aglyamzyanov，1994 图）

图 5　草盲蝽属昆虫分种特征（续）

（三）蒙新区新丽盲蝽属昆虫分种检索表

1. 体背面一色，无深色斑 …………………………………………………… 2
   体背面有深色斑 ………………………………………………………… 3
2. 右抱器感觉叶端部突起长大，约等于抱器体部的宽度（图 6 – 1）
   ………………………………………………… 拟椴新丽盲蝽 *N. tilianus*
   右抱器感觉叶端部略隆起，无长大的突起（图 6 – 2） ……………
   ………………………………………………… 中华新丽盲蝽 *N. chinensis*
3. 唇基与头一色，无深色斑。爪片绿或黄褐，一色，内侧不加深
   ……………………………………………… 污新丽盲蝽 *N. contaminatus*
   唇基端部至少 1/3 的部分深色。爪片绿或黄褐，至多内侧加深为深色 …………………………………………………………………………… 4
4. 爪片内侧色不加深。雄虫头顶宽为头宽的 0. 34 倍 ……………
   ……………………………………………… 宽顶新丽盲蝽 *N. lativerticis*
   爪片内侧色加深。雄虫头顶宽为头宽的 0. 26 倍 ……………………
   ……………………………………………… 修长新丽盲蝽 *N. Elongatulus*

（四）蒙新区后丽盲蝽属昆虫分种检索表

1. 喙较长，至少伸达后足基节中央 ……………………………………… 2
   喙较短，仅伸达或略伸过中足基节 ………………………………… 6
2. 胫节刺基部具明显小黑点斑 ………………………………………… 3
   胫节刺基部无明显小黑点斑 ………………………………………… 4
3. 小盾片单一黑色或黑褐色。前翅仅内半为黑色………中黑后丽盲蝽 *A. medionigritus* 小盾片单一淡色，端角处具一模糊暗色斑。前翅具褐

色或黑色斑 ……………………………………………………………………
…………………………………………… 黑脉后丽盲蝽 *A. nigrovirens*

4. 楔片末端暗色 ………………………………… 斯氏后丽盲蝽 *A. spinolae*
   楔片末端同体色，不呈黑色 ……………………………………………… 5
5. 阳茎端翼骨片长，端缘与腹骨片末端平行或稍短（图7－1）……绿后丽盲蝽 *A. lucorum*
   阳茎端翼骨片短，端缘只到腹骨片中央（图7－2） ………………
   ……………………………… 黑头后丽盲蝽 *A. nigritylus* Bao *et* Nonnaizab
6. 胫节刺基部具明显小黑点斑。前翅具黑斑 ……………………………
   …………………………………………… 黑唇后丽盲蝽 *A. nigronasutus*
   胫节刺基部无明显小黑点斑。前翅无深色斑或具隐约深色斑
   ………………………………………… 短喙后丽盲蝽 *A. brevirostris* sp. nov.

（五）蒙新区树丽盲蝽属昆虫分种检索表

1. 胫节一色淡红或淡红褐。触角第Ⅰ节红褐色 ……………………………
   ……………………………………………………… 红足树丽盲蝽 *A. rubripes*
   胫节不如上述，并具明显的深色环。触角第Ⅰ节黑褐色 ……………
   ………………………………………………………… 环胫树丽盲蝽 *A. tibialis*

1. *N. tilianus* 右抱器 2. *N. chinensis* 右抱器

图6 新丽盲蝽属昆虫分种特征（仿郑乐怡，2004图）

1. *A. lucorum* 阳茎端 2. *A. nigritylus* Bao *et* Nonnaizab sp. nov. 阳茎端
（1. 仿郑乐怡，2004图，2. 仿宝爱萍，2007论文图）

图7 后丽盲蝽属昆虫分种特征

第二节　蒙新区草盲蝽复合组昆虫种类记述

一、草盲蝽属 *Lygus* Hahn，1833

模式种 Type species：*Cimex pratensis* Linnaeus 1758

Lygus Hahn，1833. Die wanzenartigen Insecten 1：147.

Exolygus Wagner，1949a. Zur Systematik der Gattung Lygus Hhn.（Hem. Het. Miridae）. – Verhandlungen des Vereins fur Naturwissenschaftliche Heimatforschung zu Hamburg 30：37（as subgenus of *Lygus*）.

Lygus：Carvalho，1956b. Insects of Micronesia：Miridae. Bishop Mus.，Honolulu，Insects of Micronesia 7：83.

Lygus：Carvalho，1959a. A catalogue of the Miridae of the world. Part Ⅳ. Arq. Mus. Nac.，Rio de Janeiro 48：114，147.

Lygus：Slater，1959a. The generic name of the North American *Lygus* bugs（Hemiptera：Miridae）. Bull. Brook. Entomol. Soc. 54：97.

Lygus：Southwood & Leston，1959a. Land and Water Bugs of the British Isles. Frederick Warne and Co.，London. 272.

Lygus: Munroe, 1960a. *Liocoris*, *Lygus* and ethics. Bull. Brook. Entomol. Soc. 55: 104.

Lygus：Carvalho，1961b. *Lygus* Hahn，1833（Insecta，Hemiptera）；proposed designation under the plenary powers of a type-species in harmony with accustomed usage. Z. N.（S.）1062. Bull. Zool. Nomenc. 18：281.

Lygus：Wagner，1961n. Unterordnung：Ungleichflugler，Wanzen，Heteroptera（Hemiptera）. Die Tierwelt Mitteleuropas 4：41.

Lygus：Leston，1962a. Comment on the petition regarding the nominal genus *Lygus* Hahn，1833（Insecta，Hemiptera）. Z. N.（S.）1062. Bull. Zool. Nom. 19：96.

Lygus：Kerzhner，1964a. Family Isometopidae. Family Miridae（Capsidae），pp. 700 – 765. In：Bei-Bienko，G. Y.（ed.）. Opredelitel nasekomykh evropeiskoichasti SSSR [Keys to the Insects of the European part of the USSR]. Vol. 1. Apterygota，Palaeoptera，Hemimetabola. Nauka，Moskova and Leningrad. [In Russian；English translation：1967，Israel Program for Scientific Translation，Jerusalem. 942].

Lygus: Wagner & Weber, 1964a. Heteropteres Miridae. In: Faune de France 67: 197.

Lygus: Woodroffe, 1966c. The *Lygus pratensis* complex (Hem., Miridae) in Britain. Entomologist 99: 203.

Lygus: Wagner, 1970i. Die Miridae Hahn, 1831, des Mitelmeerraumes und der Makaronesischen Inseln (Hemiptera, Heteroptera). Teil. 1 Entomol. Abh. 396.

Lygus: Kelton, 1975a. The Lygus bugs (genus *Lygus* Hahn) of North America (Heteroptera: Miridae). Mem. Entomol. Soc. Canada 95: 5.

Lygus: Linnavuori, 1975a. Hemiptera of the Sudan, with remarks on some species of the adjacent countries. 4. Miridae and Isometopidae. Ann. Zool. Fenn. 12: 31.

Lygus: Schmitz, 1976a. La faune terrestre de l'ile de Saintehelene, 10. Fam. Miridae.

Troisieme partie. Ann. Mus. R. Afr. Centr., Ser. 8, Zool. 215: 486.

Lygus: Kelton, 1980e. The plant bugs of the prairie provinces of Canada. Heteroptera: Miridae. Part 8. In: The Insects and Arachnids of Canada. Agriculture Canada Research Branch Publication 1703: 100.

Lygus: Scott, 1981a. Supplement to the bibliography of *Lygus* Hahn. Bull. Entomol. Soc. Am. 27: 275.

Lygus: Zheng & Yu, 1992a. Notes on Chinese species of *Lygus* (s. str.) Hahn with descriptions of three new species (Hemiptera: Miridae). Acta Zootax. Sin. 17: 352.

属征：椭圆形，体型及大小适中。黄绿、黄色、褐色、红褐色、布黑色斑纹。有光泽。头垂直，部分种类额区具成对平行横棱，多数种类则额区光滑，表面无横棱，但常可见与之相应的深色横纹。头顶多无中纵沟，后缘具嵴，多完整，部分种类只两侧部分完整。触角第Ⅱ节线形、粗线形或向端略微渐粗，不成明显的棒状，短于前胸背板基缘宽度。前胸背板中度前倾，较平或中度饱满拱隆。领有光泽，具淡色俯伏毛，或半直立而后悬伏，多数较短。胝外侧多不伸达背板前侧角，二胝不相连，胝多光滑无刻点，或具很少的刻点。盘域刻点明显，均匀，多为中等密度，具较短疏的平伏毛；色斑多样，在胝后常有1~2深色斑或纵带。小盾片较平，具一对中纵带，或一对中纵带和一对侧纵带，或各侧的中带与侧带在端部相遇成一"W"形斑或一对“V”形斑；表面具横皱及刻点。前翅爪片与革片毛平伏，刚毛状，细或较宽扁而有闪光，膜片大翅室顶端外侧具一长形污斑。腿节端部常具2或3个深色斑，胫节两端亦有深色斑，胫节刺黑色，刺基无小黑点斑。雄性外生殖器：左抱器“C”形，感觉叶很发达，强烈凸起，表面具有短棘刺，端突弯钩形，顶端平截；右抱器端突爪状，有时基部外侧有一很小的距状突起。阳茎端具2膜叶，各膜叶表面均具密布微刺的骨化区，常范围较大。针突一枚，棍棒型，长，略弯，末端具微刺，或为针刺型，常短而基部加粗。雌性骨化环近方形。交配囊后壁内支骨片大体呈半月形，端缘中央常略突伸；内支叶宽短，端缘弧；中突很大；背结构高度骨化，特化的钟形帽与中突紧密愈合，两侧成向外渐尖的宽翅状；侧叶成横条形，位于后壁的前端或消失。

草盲蝽属分布于全北界。该属的种类外表常较相似，种间界限细微，虽经多次修订，古北界种类的鉴别问题似仍未彻底解决。到目前为止我国蒙新区共记录草盲蝽属昆虫13种。

1. 光翅草盲蝽（图8、图9）*Lygus adspersus*（Schilling，1837）

Phytocoris adspersus Schilling，1837. Neue Arten der von Fallén gegründeten Gattung Phytocoris. -Übeisicht der Arbeiten und Veränderungen Gesellschaft für Vaterländische Kulkur：83.

Lygus adspersus（Schilling）：Aglyamzyanov，1990. Review of species of the genus *Lygus* in the fauna of Mongolia，I. Insects of Mongolia，11：34.

Lygus adspersus（Schilling）：Qi，1993. Note on the characteristics of genitalia of the bugs of Lygus Hahn from Inner Mongulia. -Journal of Inner Mongulia Namorl University（Natural Science Edition）. 4：2.

Lygus adspersus（Schilling）：Aglyamzyanov，1994. Review of species of the genus *Lygus* in the fauna of Mongolia，II（Heteroptera：Miridae）. Zoosystematica Rossica，3（1）：69.

Lygus adspersus（Schilling）：Schuh，1995. Plant bugs of the World（Insect：Heteroptera：Miridae）Systemetic Catalog，Distributions，Host List，and Bibliography. The New York Entomological Society：807.

Lygus adspersus（Schilling）：Schwartz & Foottit，1998. Revision of the Nearctic species of the genus *Lygus* Hahn，with a review of the Palaearctic species（Heteroptera：Miridae）. –Memoirs on Entomology，International 10：299.

Lygus adspersus（Schilling）：Kerzhner & Josifov，1999. Catalogue of the

Heteroptera of the Palaearctic Region. Volume 3, Cimicomorpha Ⅱ, Miridae. The Netherlands Entomological Society: 119.

体椭圆形。底色绿色或黄绿色，干标本淡黄褐，秋季采得的个体常具红褐色色泽。

头淡黄褐，淡色个体一色；额无成对平行横棱，但常具红褐色横纹；额与头顶中央有时具深色斑，可连成带状，额两侧可有一黑纵带；唇基有时色深暗。头顶宽于眼（1.33∶1）。触角同头色，第Ⅰ节腹面黑色，第Ⅱ节有时为橙褐色，基部黑褐，端段渐成黑褐色；第Ⅲ、第Ⅳ节黑。喙伸达后足基节末端。

前胸背板淡黄褐，灰黄绿色或黄褐色，有时具红色色泽；胝后有1或2个黑色点状斑或甚短的纵带，或胝前区中线两侧有一黑斑，背板前侧角区域亦可能色深；胝淡色，各胝的内外端有时黑色，成斑状；侧缘区一般无黑色斑带；后侧角处有时有一黑斑；后缘中带有时有一对黑色横带。盘域刻点较深，稀或密度中等；毛短小。前胸侧板无黑斑。

中胸盾片外露部分黑。小盾片具4条黑纵带，侧带接近小盾片侧缘，4带可不同程度的愈合约成“W”形，或成一中有二淡斑的黑色大形斑块状，二中带可愈合成一条末端二分岔的宽黑中带，但不成末端平整的宽带。半鞘侧两侧较平行，色斑常较斑驳，爪片中段常色深，革片端部Cu与中部纵脉之间色渐深，约成黑斑状，中部纵脉在分岔前的内侧成黑斑状；革片后段中区（Cu与中部纵脉之间）刻点较浅稀，刻点间距离大于刻点直径；毛较稀短，长约30 μm，前后毛不叠覆。缘片最外缘黑色；楔片淡色，侧面观最外缘基段黑，常达中部，最末端黑。膜片烟色，无斑，或具数个隐约的深色大斑。足同体色，后足股节端段具二深色环。后足胫节基部有二黑斑。

阳茎端针突直，长度中等，向端渐细，端部较尖，无微刺，较*L. gemellatus*的针突基部略粗，较*L. sibiricus*的针突略短而末端更细。小膜叶微刺约5列，大膜叶基部略宽。

量度（mm）：体长6.0～6.8，体宽2.4～3.0。头长0.6～0.7，头宽1.2～1.4。头顶宽（♂）0.38～0.45，（♀）0.45～0.55。触角各节长（0.55～0.6）∶（1.6～1.8）∶（0.85～0.95）∶（0.6～0.65）。前胸背板长1.18，后缘宽2.1～2.6。革片长2.5～2.7，楔片长1.15。

观察标本：3♂♂2♀♀，呼伦贝尔市额尔古纳市，1985.Ⅷ.5；4♀♀，兴安盟阿尔山市伊尔施镇，1985.Ⅵ.25；9♂♂80♀♀，兴安盟阿尔山市伊尔施镇，2007. Ⅷ.1，李媛媛采；1 ♂4♀♀，兴安盟阿尔山市，1990. Ⅷ.8；2 ♂♂9♀♀，赤峰市阿鲁科尔沁旗，1990. Ⅶ.18；3 ♂♂4♀♀，锡林郭勒盟正蓝旗，1987. Ⅷ.3；2 ♂♂4♀♀，呼和浩特市大青山，1985. Ⅴ.11；12♀♀，呼和浩特市和林格尔县南天门，2007. Ⅶ.4，李媛媛采；4 ♂♂26♀♀，阿拉善盟阿拉善左旗贺兰山，1984. Ⅶ.21；9 ♂♂35♀♀，阿拉善盟阿拉善左旗贺兰山哈拉乌北沟，2006. Ⅶ.21，王俊清、李媛媛采。

分布：内蒙古各地，山西，黑龙江，甘肃，新疆。国外：蒙古国，奥地利，比利时，捷克，丹麦，爱沙尼亚，芬兰，德国，意大利，列支敦士登，立陶宛，荷兰，挪威，波兰，葡萄牙，俄罗斯（欧洲部分、西伯利亚、远东地区），西班牙，瑞典，瑞士，哈萨克斯坦（亚洲部分），亚美尼亚，格鲁吉亚，印度，巴基斯坦。

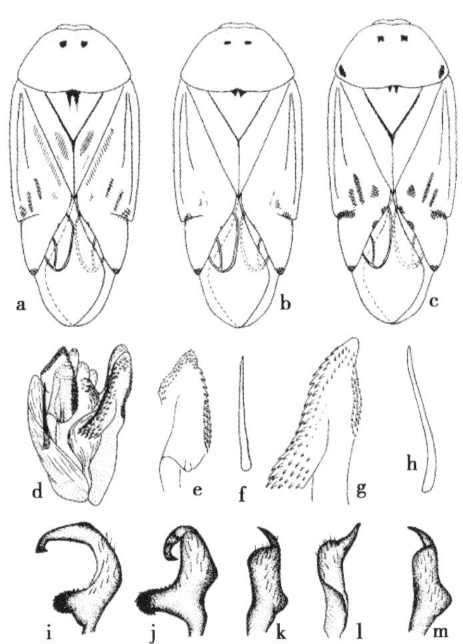

a－c. 色斑类型（color patterns）；d. 阳茎端（vesica）；e. 阳茎端小膜叶（small lobe of vesica）；g. 阳茎端大膜叶（large lobe of vesica）；f，h. 针突（spicule）；i－j. 左阳基侧突（left paramere）；k－m. 右阳基侧突（right paramere）

图8　（a－g，i－l）光翅草盲蝽 *Lygus adspersus*（Schilling）；（h，m）西伯利亚草盲蝽 *Lygus sibiricus* Aglyamzyanov（仿郑乐怡，2004 图）

图9　光翅草盲蝽 *Lygus adspersus* (Schilling)

2. 棱额草盲蝽（图10、图11）*Lygus discrepans* Reuter，1906

Lygus pratensis var. *discrepans* Reuter，1906a. Capsidae in pro. Sz'tschwan China a DD. G.

Potanin et M. Beresowski collectae. -Ezhegodnik Zoologiccheskago Muzeya Imperatorskoi Akademii Nauk 10: 39 (upgraded by Reuter, 1912. Hemipterologische Miscellen. -Öfversigt af Finska Vetenskapssocietetens Förhandlingar 54a(7):37.

Lygus discrepans Reuter：Wagner，1955a. Neuer Beitrag zur Systematik der Gattung *Lygus* Hhn.（Hem. Het. Miridae）. -Acta Entomologica Musei Nationalis Pragae 29（1954）：152.

Lygus discrepans Reuter：Carvalho，1959a. A catalogue of the Miridae of the world. Part Ⅳ. Arq. Mus. Nac. ,Rio de Janeiro 48：148.

Lygus discrepans Reuter：Zheng & Yu，1992a. Notes on Chinese species of *Lygus*（s. str.）Hahn with descriptions of three new species（Hemiptera：Miridae）. Acta Zootax. Sin. 17：353.

Lygus discrepans Reuter：Qi，1993. Note on the characteristics of genitalia of the bugs of *Lygus* Hahn from Inner Mongulia. -Journal of Inner Mongulia Namorl University（Natural Science Edition）. 4：2.

Lygus discrepans Reuter：Schuh，1995. Plant bugs of the World（Insect：Heteroptera：Miridae）Systemetic Catalog，Distributions，Host List，and Bibliography. The New York Entomological Society：811.

Lygus discrepans Reuter：Schwartz & Foottit，1998. Revision of the Nearctic species of the genus *Lygus* Hahn，with a review of the Palaearctic species（Heteroptera：Miridae）. –Memoirs on Entomology，International 10：303.

Lygus discrepans Reuter：Kerzhner & Josifov，1999. Catalogue of the Heteroptera of the Palaearctic Region. Volume 3, Cimicomorpha Ⅱ, Miridae. The Netherlands Entomological Society: 119.

体椭圆形，淡污黄褐色、黄绿色或砖红色，具黑色斑纹。几无光泽或光泽弱。

头多为一色，有时唇基末端黑色；头部毛短；额区具若干平行横棱；头顶宽于眼（雄 1.3∶1，雌 1.45∶1）。触角第Ⅰ节背面污黄褐，基部及腹面黑；第Ⅱ节锈褐或污红褐，两端段黑褐；第Ⅲ、第Ⅳ节黑。喙略伸过后足基节末端。

前胸背板领毛长密，悬伏，略蓬松。胝后各有一黑斑；后侧角有一黑斑；后缘区有一对宽黑横带。盘域刻点深密，色略深于底色；毛淡黑褐，半平伏（俯伏或悬伏）。前胸侧板可有黑斑。小盾片黑斑"W"形，范围可较大。爪片布满黑色碎斑，成斑驳状；革片基部大半散布黑色碎斑，后部则散布较大的形状不规则的黑斑；革片大部（包括后部）的刻点密，左右刻点相连，前后刻点间距约等于直径；毛显然长密，长 60~70 μm，前、后毛叠覆 1/3~1/2，多数淡色略宽扁，黑背景上的毛大部为黑色有闪光，少数为黑色细刚毛状，无闪光。缘片外缘黑色。楔片基部黑色范围大，端角黑斑较大，内缘常红，最外缘基部 2/5~1/2 黑色。

股节黑斑可连成纵带，端段具 2~3 条褐环。胫节基部具 2 黑褐色斑。雌腹下全部淡色；雄腹下中央区域黑色。

阳茎端针突大，基部粗大，端部细尖，据此可区别于属内其他种。此外，与近缘的 *L. paradiscrepans* 的区别为：小膜叶的骨化区域端部为指状突起，大膜叶的骨化区域内缘中下方区域不强烈骨化。

量度（mm）：体长 5.7~6.5，体宽 2.6~2.9。头长 0.5~0.6，头宽 1.1~1.2。头顶宽（♂）0.45~0.48，（♀）0.45~0.5。触角各节长（0.45~0.5）∶（1.4~1.5）∶（0.85~0.95）∶（0.65~0.7）。前胸背板长 1.10，后缘宽 2.2~2.6。革片长 2.5~2.7，楔片长 1.0。

本种和 *L. paradiscrepans* 前翅上均散布有非常清晰的黑色小斑点，可区别于属内其他种。两者外观亦似，但以下特征可区别于后者：体几无光泽，额区具横棱纹；爪片只有黑色斑点，内半不全为黑色，雄腹面中央多为黑色；股节具黑斑纵列组成的条纹。

观察标本：6♂♂11♀♀，赤峰市宁城县黑里河，1990. Ⅵ. 23；11♂♂19♀♀，赤峰市喀喇沁旗旺业甸镇，1990. Ⅶ. 19；1♂3♀♀，乌兰察布市凉城县蛮汉山，1987. Ⅸ. 11；1 ♂3 ♀♀，呼和浩特市大青山干杖沟，1982. Ⅸ. 10；2 ♂♂3 ♀♀，呼和浩特市土默特左旗，1983. Ⅴ. 8；18 ♂♂23 ♀♀，呼和浩特市和林格尔县南天门，2006. Ⅷ. 29，李媛媛采；40 ♂♂128 ♀♀，呼和浩特市和林格尔县南天门，2007. Ⅶ. 4，李媛媛采；6 ♂♂5 ♀♀，呼和浩特市森林公园，2007. Ⅶ. 10，李媛媛采；1 ♂4 ♀♀，巴彦淖尔市，1980. Ⅶ. 5。

分布：内蒙古呼和浩特市（大青山、土默特左旗、和林格尔县、森林公园）、乌兰察布市（凉城县）、赤峰市（宁城县、喀喇沁旗）、巴彦淖尔市，河北，四川，云南，陕西，宁夏，甘肃。

寄主：豆科植物。

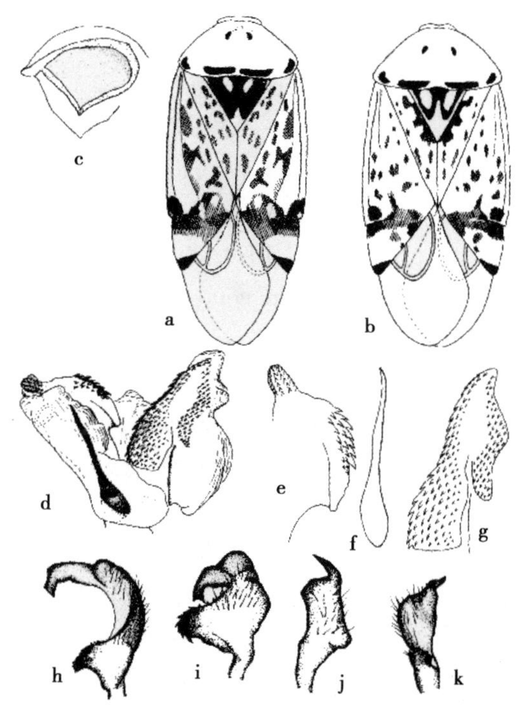

a－b. 色斑类型（color patterns）；c. 环骨片（ring sclerite）；d. 阳茎端（vesica）；e. 小膜叶（small lobe of vesica）；f. 针突（spicule）；g. 大膜叶（large lobe of vesica）；h－i. 左阳基侧突（left paramere）；j－k. 右阳基侧突（right paramere）

图 10　棱额草盲蝽 *Lygus discrepans* Reuter（仿郑乐怡，2004 图）

图 11　棱额草盲蝽 *Lygus discrepans* Reuter

3. 中亚草盲蝽（图 12）*Lygus dracunculi* Josifov，1992

Lygus dracunculi Josifov，1992. Eine neue *Lygus*-Art aus Tadshikistan（Insecta，Heteroptera：Miridae）. -Reichenbachia 29：5.

Lygus alashanensis Qi & Nonnaizab，1993. Notes on the leaf bugs of *Lygus* Hahn（Insecta：Hemiptera：Heteroptera：Miridea）from Inner Mongulia，China. -Yushania 10：65（synonymized by Aglyamzyanov，2002. Synonyme of two *Lygus* species from Inner Mongolia（Heteroptera：Miridae）. -Zoosystematica Rossica，11（2）：326.

Lygus dracunculi：Aglyamzyanov，1994. Review of species of the genus *Lygus* in the fauna of Mongolia，II（Heteroptera：Miridae）. Zoosystematica Rossica，3（1）：70.

Lygus dracunculi：Schwartz & Foottit，1998. Revision of the Nearctic species of the genus *Lygus* Hahn，with a review of the Palaearctic species（Heteroptera：Miridae）. -Memoirs on Entomology，International 10：304.

体椭圆形，相对略为狭长。具光泽。灰绿色，干标本黄褐色。

头一色，无深色斑。眼相对较大。额区光滑，无平行横棱。头顶宽与眼宽的比例为：雄（0.85～0.98）：1，雌（1.12～1.3）：1。触角黄褐色；第Ⅰ节长为头顶宽的 1.5～1.6 倍；第Ⅱ节约为头宽的 1.4 倍，为前胸背板后缘宽的 0.7 倍，两端狭窄地黑色；第Ⅲ、第Ⅳ两节污黄褐色或灰褐色，两节之和短于第Ⅱ节。

前胸背板常具 6 条隐约的红色或红褐色纵带，胝后常有一小黑圆斑，盘域后侧角处常有一不大的黑斑；少数个体前胸背板前侧角处沿侧缘有黑色带纹，胝后有 4 个黑斑。刻点较均匀。

小盾片基部中央具二叉形短黑斑，两侧尚有一条橙色至淡褐色的斜纹，大致成一断续的“W”形图案；少数雌虫小盾片具“W”形大黑斑，几占据小盾片全部。爪片中央具黑褐色纵带。革片内半常有一较细浅的纵带，与爪片缝平行，沿中裂内侧常为黑色，革片端缘处偏内半为一深色大斑，或多或少横列，不规则。缘片端部1/4及其内侧的革片外端角成一纵走三角形黑斑；革片刻点略密于前胸背板，中段常略为稀浅。楔片端角黑。膜片烟褐色。脉淡色。

胸下黑。腹下灰绿，基部中央黑。足黄色；股节端部具2深色环；胫节基部外侧有一深色斑，胫节刺黑色。

阳茎端针突：Josifov（1992）描述为细小而末端尖，长在2mm以下；该文图示为均匀狭细。但Aglyamzyanov（1994）的图示则基部粗而于近端部较突然地狭尖。而齐宝瑛、能乃扎布（1993）的图示（*L. alashanensis*）则为由短到长的一个系列，似乎覆盖了 *dracunculi* 与 *renati* 二者的范围。

量度（mm）：体长（♂）6.1～7.0，（♀）5.9～6.6。触角各节长（♂）0.6∶1.7∶0.9∶0.7，（♀）0.6∶1.5∶0.9∶0.7。

观察标本：2♂♂4♀♀，呼和浩特市大青山，1985. Ⅴ. 11；2♂♂，鄂尔多斯市杭锦旗，1979. Ⅸ. 10；1♂，鄂尔多斯市东胜，1988. Ⅷ. 14；2♂♂3♀♀，阿拉善盟阿拉善左旗，1982. Ⅵ. 12；3♂♂4♀♀，阿拉善盟阿拉善左旗贺兰山哈拉乌沟，1985. Ⅵ. 4。

分布：内蒙古呼和浩特市（大青山）、鄂尔多斯市（杭锦旗、东胜区）、阿拉善盟（阿拉善左旗贺兰山），宁夏，甘肃。国外：蒙古国，塔吉克斯坦，哈萨克斯坦（亚洲部分）。

寄主：蒿、草木樨等植物。

图12　中亚草盲蝽 *Lygus dracunculi* Josifov

4. 青绿草盲蝽（图13）*Lygus gemellatus*（Herrich-Schaeffer，1835）

Capsus gemellatus Herrich-Schaeffer, 1835a. Nomenclator entomologicus. Verzeichniss der europäischen Insecten; zur Erleichterung des Tauschverkehrs mit

Presen versehen. Heft 1; Lepidoptera und Hemiptera, leztere synoptisch bearbeitet und mit vollständiger Synoymie: 51.

Lygus gemellatus (Herrich-Schaeffer): Carvalho, 1959a. A catalogue of the Miridae of the world. Part Ⅳ. Arq. Mus. Nac., Rio de Janeiro 48: 149.

Lygus gemellatus (Herrich-Schaeffer): Aglyamzyanov, 1990. Review of species of the genus *Lygus* in the fauna of Mongolia, I. Insects of Mongolia, 11: 28.

Lygus gemellatus (Herrich-Schaeffer): Zheng & Yu, 1992a. Notes on Chinese species of *Lygus* (s. str.) Hahn with descriptions of three new species (Hemiptera: Miridae). Acta Zootax. Sin. 17: 352.

Lygus gemellatus (Herrich-Schaeffer): Qi, 1993. Note on the characteristics of genitalia of the bugs of Lygus Hahn from Inner Mongulia. -Journal of Inner Mongulia Namorl University (Natural Science Edition). 4: 2.

Lygus gemellatus (Herrich-Schaeffer): Schuh, 1995. Plant bugs of the World (Insect: Heteroptera: Miridae) Systemetic Catalog, Distributions, Host List, and Bibliography. The New York Entomological Society: 814.

Lygus gemellatus (Herrich-Schaeffer): Schwartz & Foottit, 1998. Revision of the Nearctic species of the genus *Lygus* Hahn, with a review of the Palaearctic species (Heteroptera: Miridae). -Memoirs on Entomology, International 10: 305.

Lygus gemellatus (Herrich-Schaeffer): Kerzhner & Josifov, 1999. Catalogue of the Heteroptera of the Palaearctic Region. Volume 3, Cimicomorpha Ⅱ, Miridae. The Netherlands Entomological Society: 120.

体长椭圆形。黄色、青绿色或黄绿色，具光泽。

头部黄色，额无成对平行横棱，唇基末端有时黑色，上颚片无黑色纵带纹；头顶宽于眼（雄 1.1∶1，雌 1.25∶1）。触角同头色，第一节腹面黑色，第Ⅱ节基部及端段常呈黑褐或黑色，第Ⅲ、第Ⅳ节黑色。喙伸达后足基节。

前胸背板黄绿、黄色或黄褐色，有时略具红褐色色泽；胝淡色，或内缘处黑色；二胝后方共有 4 条黑纵带，伸达盘域之半或略过之，中央一对常较粗长，少数个体全无此黑纵带；侧缘中部有大小不一的黑带，向后可伸达后侧角，与该处黑斑相连；后侧角有一黑斑；后缘中段有一对黑横带，长短不一，可伸达后侧角而与该处黑斑相连。盘域刻点常较浅，密度中等。

中胸盾片外露部分黑色。小盾片黑斑少，只中央基部有一对小黑斑，各斑成小三角形，向后渐尖，排成二叉形。半鞘翅两侧较平行，淡黄褐或黄绿色，爪片中段与末端常色深，革片中部纵脉与 Cu 脉端部附近色深；革片后区刻点稀浅，刻点间距等于或大于刻点直径，其间可有某些区域刻点间距更大，致使该区略呈光滑平坦状；毛较稀短，长 35 ~40 μm，前后不叠覆；缘片最外缘黑；楔片淡色，末端黑色，最外缘基部与末端黑色（侧面观可见）。

阳茎端具针刺型针突，向端渐细，较直，中等长，末端尖，无微刺。

雌性骨化环长方形，外侧上方具强烈骨化的柄。

量度（mm）：体长 5.5 ~6.5，体宽 2.3 ~3.0。头长 0.65 ~0.7，头宽 1.1 ~1.25。头顶宽（♂）0.42 ~0.48，（♀）0.5 ~0.52。触角各节长（0.5 ~0.6）：（1.7 ~2.0）：（0.9 ~1.0）：（0.6 ~0.65）。前胸背板长 1.10，后缘宽 1.95 ~2.5。革片长 2.3 ~2.5，楔片长 1.10。

观察标本：11♂♂33♀♀，呼伦贝尔市新巴尔虎左旗罕达盖林场，2007.Ⅶ.28，李媛媛采；2♂♂9♀♀，兴安盟科尔沁右翼中旗，1989.Ⅶ.23；3♂♂4♀♀，锡林郭勒盟正蓝旗，1987.Ⅷ.3；1♀，呼和浩特市蒙牛牧场，2007.Ⅵ.24，李媛媛采；2♂♂2♀♀，呼和浩特市森林公园，2007.Ⅶ.10，李媛媛采；2♂♂3♀♀，包头市，1979.Ⅴ.24；11♂♂7♀♀，鄂尔多斯市杭锦旗，1976.Ⅶ.14；10♂♂9♀♀，鄂尔多斯市乌审旗，1985.Ⅴ.25；9♂♂8♀♀，鄂尔多斯市乌审旗巴图湾水库，2006.Ⅶ.28，李媛媛采；6♂♂5♀♀，鄂尔多斯市鄂托克前旗敦达图，2006.Ⅶ.24，李媛媛、王俊清采；3♂♂8♀♀，鄂尔多斯市达拉特旗定位站，2007.Ⅶ.7，李媛媛采；2♂♂4♀♀，巴彦淖尔市植保所，1981.Ⅵ.21；9♂♂4♀♀，阿拉善盟阿拉善右旗孟根布拉格苏木，1983.Ⅷ.13；6♂♂5♀♀，阿拉善盟阿拉善右旗塔木素布拉格镇，1988.Ⅶ.28；10♂♂23♀♀，阿拉善盟阿拉善左旗贺兰山，1984.Ⅶ.21；3♀♀，阿拉善盟阿拉善左旗贺兰山哈拉乌北沟，2006.Ⅶ.21，李媛媛采；7♂♂13♀♀，阿拉善盟阿拉善左旗吉兰泰，1984.Ⅷ.1；4♂♂6♀♀，宁夏盐池，1977.Ⅷ.1；2♂♂3♀♀，甘肃农大，1977.Ⅶ.26；3♂♂2♀♀，甘肃肃南，1991.Ⅷ.13；6♂♂13♀♀，甘肃肃北，1991.Ⅷ.21；39♂♂72♀♀，甘肃肃北自治县党河峡谷，2007.Ⅷ.20，李媛媛、王宁采；23♂♂41♀♀，甘肃酒泉卫星发射基地，2007.Ⅷ.23，李媛媛、王宁采；41♂♂78♀♀，甘肃酒泉火车站附近，2007. Ⅷ. 25，李媛媛、王宁采；19♂♂17♀♀，青海省尖扎市多巴镇，2007. Ⅷ. 16，李媛媛采。

分布：内蒙古各地，宁夏，甘肃，青海，新疆。国外：蒙古国，阿尔巴尼亚，奥地利，比利时，波黑，白俄罗斯，保加利亚，克罗地亚，捷克，法国，德国，希腊，匈牙利，哈萨克斯坦，意大利，拉脱维亚，列支敦士登，土耳其（欧洲部分），卢森堡，马其顿，摩尔达维亚，荷兰，波兰，葡萄牙，罗马尼亚，俄罗斯，斯洛伐克，西班牙，瑞士，乌克兰，南斯拉夫，阿尔及利亚，摩洛哥，突尼斯，阿塞拜疆，阿富汗，亚美尼亚，塞浦路斯，格鲁吉亚，吉尔吉斯斯坦，伊朗，叙利亚，塔吉克斯坦，乌兹别克斯坦，尼泊尔，巴基斯坦，埃及。

喜生活于干燥生境中，主要以蒿属和藜属植物为寄主。

寄主：紫花苜蓿、刺梅、益母草、荨麻、大果榆、草木樨等植物。

此种为我国 *Lygus* 属中体形略长、体色最为青绿而光泽明显的种类。

图 13　青绿草盲蝽 *Lygus gemellatus*（Herrich-Schaeffer）

5. 东方草盲蝽（图 14）*Lygus orientis* Aglyamzyanov，1994

Lygus orientis Aglyamzyanov，1994. Review of species of the genus *Lygus* in the fauna of Mongolia，Ⅱ（Heteroptera：Miridea）. -Zoosystematica Rossica 3：72，73.

Lygus orientis：Schwartz & Foottit，1998. Revision of the Nearctic species of the genus *Lygus* Hahn，with a review of the Palaearctic species（Heteroptera：Miridae）. -Memoirs on Entomology，International 10：313.

Lygus orientis：Kerzhner & Josifov，1999. Catalogue of the Heteroptera of the Palaearctic Region. Volume 3，Cimicomorpha Ⅱ，Miridae. The Netherlands Entomological Society：121.

体相对较狭小，两侧近平行；相对色淡，底色黄绿或淡黄褐色，多带有青黄色色泽而与 *gemellatus* 的颜色近似。

头部淡色，常一色，无明显深色斑纹。额无成对平行横棱，毛淡色短小，半直立。雌虫头顶狭于或略宽于眼［（0.8～1.2）：1］，雄虫略宽于眼（1.05～1.25）：1。触角淡污红褐，形状几同 *renati*，亦较短而雄雌形状略有不同；第Ⅰ节腹面色深，可成黑褐色纵带；第Ⅱ节基段、端段或最末端黑褐；第Ⅲ、第Ⅳ节黑褐，第Ⅲ节基部常渐淡。喙伸达基节末端。

前胸背板黑色斑带相对不发达：在最淡色个体中仅胝的内缘有一黑斑，胝可在内、外缘均有一黑斑，胝前区在中央也可有一对黑斑；胝后常无黑色斑带，或有 4 条黑色短纵带；侧缘区无黑色斑带，或在侧缘中部有一黑斑，或后半成黑带而与后侧角黑斑相连；后缘区有一对长短不一的黑横带，可与后侧角的黑斑相连，或无。盘域刻点深或较浅，密度中等或较密，毛短小；领毛亦短。前胸侧板无黑斑或有黑斑。

小盾片黑色斑纹极不发达：较多个体小盾片一色淡色无黑斑，或基部中线两侧各有一甚短的三角形小黑斑，尖端向后，成二叉状。

半鞘翅两侧较平行，雄虫尤显。深色斑纹较少。爪片内缘黑褐，中段爪片脉两侧褐，范围常不大，革片在 Cu 脉与中部纵脉的端部两侧区域黑褐，外端角区域黑色。爪片与革片刻点密，大小、深度与前胸背板刻点约相等，均匀，无明显光滑平坦区域，刻点间距多小于直径，少数与直径约相等；毛长度中等，长约 50 μm，前、后毛略为叠覆（可多达 1/4～1/3）。缘片外缘黑。楔片最端角黑，外缘基半黑（雄常基部 2/3 黑或全黑）。膜片淡烟色。

后足股节端段有 3 褐环，中段有 2 褐色纵带或纵斑。后足胫节基部有 2 褐斑。体下淡色。

雄虫阳茎端针突很短，微弯，基部粗，端半明显渐细成针状，末端尖。

色斑与 *L. gemellatus* 相似，区别包括：半鞘翅与前胸背板刻点不同，本种革片刻点更密，更为均匀分布；体形较小；针突远短，雌虫环骨片较小。与 *L. renati* 亦似，区别为：本种针突远短，小盾片黑斑更不发达。又小盾片色斑极似 *L. pratensis* 者。但革片刻点较稀而分布均匀。

量度（mm）：体长 5.5～6.0，体宽 2.4～3.0。头长 0.5～0.6，头宽 1.15～1.25。头顶宽（♂）0.4～0.45，（♀）0.45～0.5。触角各节长（0.5～0.55）：（1.5～1.7）：（0.85～0.95）：（0.6～0.65）。前胸背板长 0.95～1.10，后缘宽 2.1～2.3。革片长 2.5～2.7，楔片长1.08～1.10。

观察标本：2♂♂2♀♀，兴安盟科尔沁右翼中旗，1989. Ⅶ.23；1♂3♀♀，兴安盟科尔沁右翼中旗，1989. Ⅶ.24；2♂♂1♀，呼和浩特市森林公园，2007. Ⅶ.10，李媛媛采。

分布：内蒙古呼和浩特市（森林公园）、兴安盟（科尔沁右翼中旗），山西，河南，陕西，甘肃，新疆。国外：蒙古国，哈萨克斯坦，吉尔吉斯斯坦。

图 14　东方草盲蝽 *Lygus orientis* Aglyamzyanov

6. 邻棱额草盲蝽（图 15、图 16）*Lygus paradiscrepans* Zheng *et* Yu，1992

Lygus paradiscrepans Zheng et Yu，1992a. Notes on Chinese species of *Lygus* (s. str.) Hahn with descriptions of three new species (Hemiptera：Miridae). Acta Zootax. Sin. 17：355，358.

Lygus paradiscrepans：Schuh，1995. Plant bugs of the World (Insect：Heteroptera：Miridae) Systemetic Catalog，Distributions，Host List，and Bibliography. The New York Entomological Society：821.

Lygus paradiscrepans：Schwartz & Foottit，1998. Revision of the Nearctic species of the genus *Lygus* Hahn，with a review of the Palaearctic species (Heteroptera：Miridae). – Memoirs on Entomology，International 10：314.

Lygus paradiscrepans：Kerzhner & Josifov，1999. Catalogue of the Heteroptera of the Palaearctic Region. Volume 3，Cimicomorpha Ⅱ，Miridae. The Netherlands Entomological Society：121.

椭圆形或长椭圆形。底色黄、淡黄褐或黄绿色，具黑色斑纹；有光泽。

额光滑无成对平行横棱，♂额中央多具一纵向黑条纹，♀多不具黑条纹。头顶宽于眼（雄 1.3：1，雌 1.4：1），触角第Ⅰ节背面黄或黄绿色，腹面黑色；第Ⅱ节全黑（♂）或两端黑，中央黄（♀）；第Ⅲ、第Ⅳ节黑色。

喙伸达后足基节。

前胸背板前倾，饱满拱隆；胝后有 2 ~ 4 枚黑斑或黑色短纵带，最长时可伸达后缘黑带，但后半渐淡；后侧角具黑斑；后缘中部有一条或一对黑横带，可与后侧角黑斑相连，或后缘区成很宽的完整黑带，宽可达盘域的 1/3。盘域具大而浅的刻点，密度中等。

小盾片具 4 条黑纵带，中央一对短；或具一明显的“W”形图案。爪片内半全黑；革片基半散布若干的小黑斑，端部偏内方有一大黑斑，端外角及缘片端角黑色；楔片基部和端部黑色。革片具细而密的刻点，较前胸背板刻点略浅小，刻点间无光滑平坦的间隙，且小于前胸背板的刻点；革片毛似 *discrepans*，多数淡色，略宽扁而有闪光，黑背景中的毛黑褐，部分略宽扁而有闪光，部分则为细刚毛状而无闪光；毛长，长 50 ~ 55 μm，前、后毛绝大多数叠覆达 1/3 ~ 1/2。膜片烟色，脉同体色，两性体腹面黄色，只少数个体中胸腹板中央具一小黑斑。足黄色，股节端段与胫节基部各具 2 黑色环，胫节刺黑，刺基无小黑点斑。

阳茎端针突甚为短小或消失，如存在，则形状多样，或直或弯，一般基部较粗，端部细尖。这种情况在本属中较为特殊。

量度（mm）：体长 5.5 ~ 6.3，体宽 2.4 ~ 2.7。头长 0.5 ~ 0.55，头宽 1.05 ~ 1.15。头顶宽（♂）0.4 ~ 0.43，（♀）0.48 ~ 0.5。触角各节长（0.45 ~ 0.5）：（1.15 ~ 1.35）：（0.6 ~ 0.8）：（0.6 ~ 0.65）。前胸背板长 1.10，后缘宽 2.0 ~ 2.45。革片长 2.3 ~ 2.5，楔片长 1.08。

本种近似 *L. discrepans*，以下几点特征可以区别：具光泽；额区光滑无棱纹；爪片内半全为黑色；两性腹部腹面全为黄色或黄绿色；股节除端部 2 黑色环外，无其他深色斑。

分布：甘肃，西藏，陕西，四川，云南。

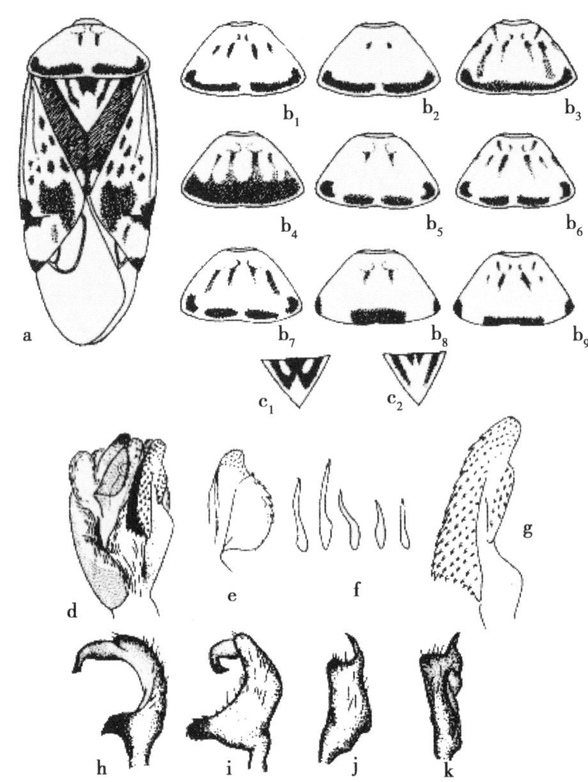

a. 身体色斑（body color patterns）；b（1－9）. 前胸背板色斑（pronotum color patterns）；c（1－2）. 小盾片色斑（scutellum color patterns）；d. 阳茎端（vesica）；e. 小膜叶（small lobe of vesica）；f. 针突（spicule）；g. 大膜叶（large lobe of vesica）；h－i. 左阳基侧突（left paramere）；j－k. 右阳基侧突（right paramere）

图 15 邻棱额草盲蝽 *Lygus paradiscrepans* Zheng *et* Yu（仿郑乐怡，2004 图）

图 16 邻棱额草盲蝽 *Lygus paradiscrepans* Zheng *et* Yu

7. 狭长草盲蝽 *Lygus poluensis*（Wagner，1967）

Lygus poluensis Wagner, 1967d. *Exolygus poluensis* nov. spec. (Hem. Het. Miridae). – Deutsche Entomologische Zeitschrift(N. F.) 14: 123.

Lygus poluensis（Wagner）：Zheng & Yu，1992a. Notes on Chinese species of *Lygus*（s. str.）Hahn with descriptions of three new species（Hemiptera：Miridae）. Acta Zootax. Sin. 17：353.

Lygus poluensis（Wagner）：Schuh，1995. Plant bugs of the World（Insect：Heteroptera：Miridae）Systemetic Catalog，Distributions，Host List，and Bibliography. The New York Entomological Society：821.

Lygus poluensis（Wagner）：Zheng & Ren，1996. Hemiptera：Nabidae，Miridae，Lygaeidae，Rhopalidae，Pentatomidae：43.

Lygus poluensis（Wagner）：Schwartz & Foottit，1998. Revision of the Nearctic species of the genus *Lygus* Hahn，with a review of the Palaearctic species（Heteroptera：Miridae）. – Memoirs on Entomology，International 10：315.

Lygus poluensis（Wagner）：Kerzhner & Josifov，1999. Catalogue of the Heteroptera of the Palaearctic Region. Volume 3，Cimicomorpha Ⅱ，Miridae. The Netherlands Entomological Society：121.

正模（♂）：

体长椭圆形，两侧近平行。体色为较淡的污黄褐色，前胸背板盘域与半鞘翅下方透出的部分略带青色色泽。

头顶似为一色，因污物黏附以致不能看清，但中线处似无明显的深色纵纹或斑；前面观可见头顶后缘前有一小褐斑，沿眼内缘有一不甚明显的褐纹。雄头顶狭于眼（0.9：1），雌头顶略宽于眼（1.07：1）。触角黄褐，略深于头顶，几为一色；第Ⅰ节腹面淡褐，最末端色略深；第Ⅱ节基段极微弱地加深，近末端处略加深；第Ⅲ、第Ⅳ节缺；触角毛被属于 *Lygus* 属的一般类型。喙伸达中足基节末端。

前胸背板领无光泽，黄白色。胝周缘色略深，外端有一模糊的暗斑，各胝后有一明显黑斑；后侧角处有一褐色短斑。盘域刻点深密，不甚均匀，刻点间距多小于刻点直径，少数则等于或大于直径。前胸侧板无深色斑。

小盾片中央为一昆虫针造成的孔洞，色斑不明，但基缘中央似无黑斑；侧缘区中段具一不长的黑纵带。半鞘翅几一色，爪片内缘狭窄地黑褐色，最末端有一小黑圆点斑，极清楚；革片外端角成模糊的淡褐色。爪片与革片刻点密，直径约为前胸背板刻点之半，密度约为前胸背板刻点的两倍，刻点间常几相连，距离多小于刻点直径，革片中后部无刻点稀疏的区域；毛长，长 50 ~55 μm，前、后毛部分叠覆或首尾相遇。楔片色微淡，末端黑色。膜片淡烟色，几一色，大室端角在脉后有一沿脉的灰褐色短弧纹。

外生殖器未解剖。Wagner（1967）记载未发现针突。Schwartz 和 Foottit（1998）记载，在一雄性地模标本中看到有一针突，形与 *L. keltoni* 的针突相似（作者按：*keltoni* 的针突为中等长度的细长圆锥形，端段细尖）。[又作者按：Schwartz 和 Foottit（1998）报道曾观察 2 头存于芬兰赫尔辛基大学博物馆中采自“Turkestan：Polu”的此种标本，可能即为此处所称的“地模标本”]。

副模（♀）：

体色几同正模，更为浅淡。触角第Ⅱ节端半渐成淡褐色，第Ⅲ节暗褐色。前胸背板与小盾片全无深色斑纹，青色色泽更显。半鞘翅除爪片内缘外几无深色斑纹。

量度（mm）：体长 6. 1 ~6. 4，体宽 2. 4。头长 0. 3 ~0. 45，头宽 1. 16 ~1. 25。头顶宽（♂）0. 3，（♀）0. 45。触角各节长 0. 6 ∶1. 7 ∶？ ∶？。前胸背板长 0. 83 ~0. 96，后缘宽 1. 9 ~2. 2。革片长 3. 0，楔片长 1. 1。

观察标本：2 ♂♂3♀♀，内蒙古呼和浩特市大青山，1989. Ⅵ. 25。

分布：内蒙古呼和浩特市（大青山），新疆。

8. 牧草盲蝽（图 17、图 18）*Lygus pratensis*（Linnaeus，1758）

Cimex pratensis Linnaeus, 1758. Systema naturae per regna tria naturae, secundum classes, ordines, genera, species, cum characteribus, differentiis, synonymis, locis. Editio decimal, reformata: 448.

Lygaeus umbellatarum Panzer，1804b. Fauna Insectorum Geraniae initia oder Deutschlands Insecten 93：19.

Phytocoris alpine Kolenati，1845. Hemiptera Caucasi. Tesseratomidae，monographice dispositae（= Meletemata entomologica. Fasc. Ⅱ）：120.

Lygus pratensis（Linnaeus）：Carvalho，1959a. A catalogue of the Miridae of the world. Part Ⅳ. Arq. Mus. Nac. ,Rio de Janeiro 48：152.

Exolygus pratensis osmanus Wagner，1966j. Eine Heteropterenausbeute aus der Türkei（Hemiptera，Heteroptera）. -Bulletin des Recherches Agronomiques de Gembloux（N. S.）1：651.

Lygus pratensis（Linnaeus）：Aglyamzyanov，1990. Review of species of the genus *Lygus* in the fauna of Mongolia, I. Insects of Mongolia, 11: 38.

Lygus pratensis (Linnaeus): Zheng & Yu, 1992a. Notes on Chinese species of *Lygus* (s. str.) Hahn with descriptions of three new species (Hemiptera: Miridae). Acta Zootax. Sin. 17: 353.

Lygus pratensis (Linnaeus): Schuh, 1995. Plant bugs of the World (Insect: Heteroptera: Miridae) Systemetic Catalog, Distributions, Host List, and Bibliography. The New York Entomological Society: 822.

Lygus pratensis (Linnaeus): Schwartz & Foottit, 1998. Revision of the Nearctic species of the genus *Lygus* Hahn, with a review of the Palaearctic species (Heteroptera: Miridae). –Memoirs on Entomology, International 10: 315.

Lygus pratensis (Linnaeus): Kerzhner & Josifov, 1999. Catalogue of the Heteroptera of the Palaearctic Region. Volume 3, Cimicomorpha Ⅱ, Miridae. The Netherlands Entomological Society: 121.

椭圆形，相对略狭长。底色黄，污黄褐色或略带红色色泽；有光泽。

头部黄色；额无成对平行横棱；唇基常有深色中纵带纹，端部有时黑褐色；上颚片与下颚片的交界处常深色；颊有时深色。两性额略宽于眼（雄1.1∶1，雌1.3∶1）。触角黄，第Ⅰ节腹面具黑色纵纹；第Ⅱ节基部与端段黑褐色；第Ⅲ、第Ⅳ节黑色。喙伸达后足基节。

前胸背板胝淡色、橙黄色或更深而成一对深色大斑块状；背板前侧角可有一小黑斑；后侧角有时具黑斑；胝内缘或内、外缘可各成黑斑状；胝后各有1~2个黑色斑或黑色短纵带，中央一对较长，伸达盘域中部，或达后部而与后缘黑横带相连；侧缘可有黑斑带，后缘区亦同。前胸侧板可有小黑斑，有时伸达背面。盘域刻点浅或较深，密度中等。前胸侧板有小黑斑。

中胸盾片黑。小盾片只在基部中央具1~2条黑色纵走斑带；或为一对相互靠近的三角形小斑，末端向后，成二叉状；或伸长而成一端部二叉的黑色中央宽带；或二带完全愈合成完整而末端平截的宽带，基部较宽，向端渐狭，长短不一；或在基部中央有一宽短的小三角形黑斑。

半鞘翅外缘弧弯程度较弱；淡黄褐、黄绿或淡红褐色，革片端部常色加深成界限模糊的红褐色或锈褐色斑，脉有时红色；爪片端角以及革片外端角一般无黑斑；革片后部刻点较深而密，刻点间距离约与刻点直径相等或更短；毛短，长4.5~50 μm，密度中等，均匀分布，毛的末端伸达后一毛的基部，不叠覆。缘片最外缘黑。楔片末端黑；最外缘淡色，部分个体基部黑色。足同体色，后足股节端段具2褐环。

阳茎端针突长，中段弯曲，端段渐加粗，末端圆钝，端部具若干微刺，基部约与端段等粗。

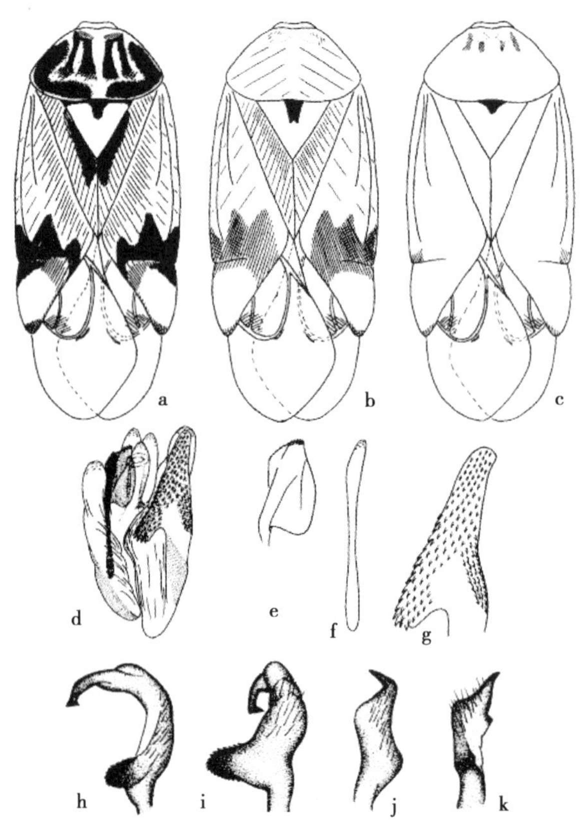

a－c. 色斑类型（color patterns）；d. 阳茎端（vesica）；e. 阳茎端小膜叶（small lobe of vesica）；f. 针突（spicule）；g. 阳茎端大膜叶（large lobe of vesica）；h－i. 左阳基侧突（left paramere）；j－k. 右阳基侧突（right paramere）

图17　牧草盲蝽 *Lygus pratensis*（Linnaeus）（仿郑乐怡，2004图）

观察标本：1♂，呼伦贝尔市鄂温克族自治旗维纳河，1980. Ⅵ.5；2♂♂2♀♀，兴安盟科尔沁右翼前旗绿水，2006. Ⅷ.10，佟灵芝采；1♂3♀♀,通辽市大清沟，1992. Ⅵ.5；11♂♂16♀♀，赤峰市翁牛特旗，1986. Ⅶ.19；1♂6♀♀，锡林郭勒盟西乌珠穆沁旗哈布其盖，2006. Ⅶ.21，宝爱萍、通嘎拉、佟灵芝等采；2♀♀，锡林郭勒盟西乌珠穆沁旗阿拉腾郭勒苏木，2006. Ⅶ. 24，宝爱萍采；1♂3♀♀，鄂尔多斯市乌审旗，1987. Ⅷ. 15；1♂，宁夏盐池草原站，1977. Ⅷ. 24。

分布：内蒙古各地，河北，山西，河南，四川，西藏，陕西，宁夏，甘肃，新疆。国外：蒙古国，阿尔巴尼亚，安道尔，奥地利，比利时，波黑，白俄罗斯，保加利亚，克罗地亚，捷克，丹麦，爱沙尼亚，哈萨克斯坦，芬兰，土耳其，法国，英国，德国，希腊，匈牙利，意大利，拉脱维亚，列支敦士登，立陶宛，卢森堡，马耳他，马其顿，摩尔达维亚，荷兰，挪威，波兰，葡萄牙，罗马尼亚，俄罗斯，斯洛伐克，斯洛文尼亚，西班牙，瑞典，伊朗，瑞士，乌克兰，南斯拉夫，阿尔及利亚，加那利群岛，摩洛哥，阿塞拜疆，阿富汗，亚美尼亚，塞浦路斯，格鲁吉亚，吉尔吉斯，伊朗，伊拉克，以色列，叙利亚，塔吉克斯坦，土库曼斯坦，乌兹别克斯坦，印度。

图18　牧草盲蝽 *Lygus pratensis*（Linnaeus）

9. 斑草盲蝽（图19、图20）*Lygus punctatus*（Zetterstedt，1840）

Phytocoris punctatus Zetterstedt，1838a. Insecta Lapponca descripta i：273.

Lygus punctatus（Zetterstedt，1840）：Carvalho，1959a. A catalogue of the Miridae of the world. Part Ⅳ. Arq. Mus. Nac.，Rio de Janeiro 48：154.

Lygus punctatus（Zetterstedt，1840）：Aglyamzyanov，1990. Review of species of the genus *Lygus* in the fauna of Mongolia，I. Insects of Mongolia，11：35.

Lygus punctatus（Zetterstedt，1840）：Zheng & Yu，1992a. Notes on Chinese species of *Lygus*（s. str.）Hahn with descriptions of three new species（Hemiptera：Miridae）. Acta Zootax. Sin. 17：352.

Lygus punctatus（Zetterstedt，1840）：Qi，1993. Note on the characteristics of genitalia of the bugs of Lygus Hahn from Inner Mongulia. -Journal of Inner Mongulia Namorl University（Natural Science Edition）. 4：2.

Lygus punctatus (Zetterstedt, 1840): Aglyamzyanov, 1994. Review of species of the genus *Lygus* in the fauna of Mongolia, II (Heteroptera: Miridae). Zoosystematica Rossica, 3 (1): 69.

Lygus punctatus (Zetterstedt, 1840): Schuh, 1995. Plant bugs of the World (Insect: Heteroptera: Miridae) Systemetic Catalog, Distributions, Host List, and Bibliography. The New York Entomological Society: 822.

Lygus punctatus (Zetterstedt, 1840): Kerzhner & Josifov, 1999. Catalogue of the Heteroptera of the Palaearctic Region. Volume 3, Cimicomorpha Ⅱ, Miridae. The Netherlands Entomological Society: 121.

椭圆形。底色黄褐或褐色，具黑色斑纹；有光泽。

头部额区无成对平行横棱纹，有时具红褐色细横纹，中央有时具红褐或褐色斑；下颚片具深色带纹，向后伸达触角窝；头顶宽于眼（雄 1.3∶1，雌 1.5∶1）。触角第Ⅰ节全黑或褐色而腹面橙色；第Ⅱ节较细长，橙褐色至褐色，端段常色深；第Ⅲ、第Ⅳ节黑。喙伸达后足末端。

前胸背板常带红褐色色泽。胝同底色，或色深而成红褐色至深褐色斑块状，如为淡色，则内缘处或外缘处可为黑斑状；前侧角具黑斑，胝区黑斑常与之相连；胝后有 4 个黑斑或 4 条黑色纵带，长短不一，长时可达盘域之半处；后侧角有一黑斑；后缘无黑带或有一对黑色横带，两侧可伸达后侧角黑斑。盘域刻点浅或较深，较稀，毛短小。前胸侧板具黑斑。

小盾片黄色，具 4 条红褐或黑褐色纵纹，中央一对向后略分歧，可与侧方一对在末端相遇而成“W”形图案，带纹粗时可几占满小盾片。半鞘翅红褐色成分显著，底色黄褐色带有红褐色色泽，或红褐色，略斑驳，爪片脉两侧区或中部色深；革片中部纵脉分叉处与 Cu 脉端部、革片外端角等处常色深；革片后部刻点相对稀浅，分布不甚均匀，刻点间距离大于刻点直径，间隙明显，光滑平坦；毛稀短，长 30～40 μm，前毛末端与后毛基部之间有一定距离，不叠覆；缘片外缘较直；楔片色同革片，末端多不成黑斑，或内缘端半深色；最外缘除基部外，色不加深。后足胫节常一色。

雄性阳茎端针突长，杆状，两端加粗，中段弯曲，末端圆钝，具若干微刺，与 *L. wagneri* 以及 *L. pratensis* 甚为相似。

量度（mm）：体长 5.6，体宽 2.7。头长 0.7，头宽 1.1，头顶宽 0.48。触角各节长 0.55∶1.6∶？∶？。前胸背板长 1.25～1.34，后缘宽 2.2。革片长 2.5，楔片长 1.04～1.50。

与 *L. wagneri* 极似，根据革片刻点稀疏而分布不匀的特点可以加以区别。

观察标本：1♂4♀♀，赤峰市克什克腾旗，1989. Ⅵ. 27；7♂♂13♀♀，呼和浩特市大青山干杖沟，1987. Ⅴ. 28；3♂♂11♀♀，包头市乌拉山，1987. Ⅴ. 27；7♂♂2♀♀，阿拉善盟阿拉善左旗贺兰山，1985. Ⅵ. 4；1♀，阿拉善盟阿拉善左旗贺兰山哈拉乌北沟，2006. Ⅶ. 22，李媛媛采。

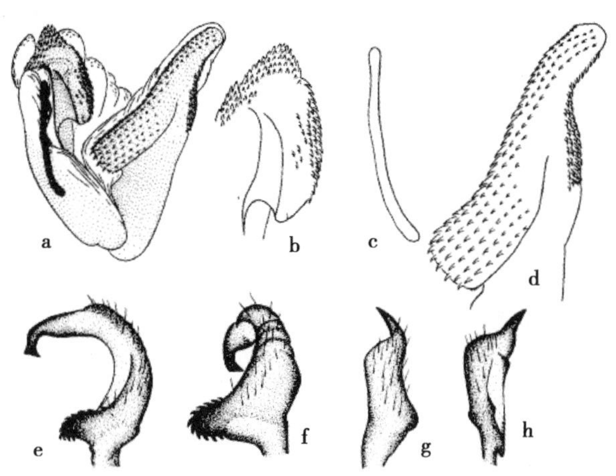

a. 阳茎端（vesica）；b. 阳茎端小膜叶（small lobe of vesica）；c. 针突（spicule）；d. 阳茎端大膜叶（large lobe of vesica）；e－f. 左阳基侧突（left paramere）；g－h. 右阳基侧突（right paramere）

图 19　斑草盲蝽 *Lygus punctatus*（Zetterstedt）（仿郑乐怡，2004 图）

图 20　斑草盲蝽 *Lygus punctatus*（Zetterstedt）

分布：内蒙古呼和浩特市（大青山）、包头市（乌拉山）、赤峰市（克什克腾旗）、阿拉善盟（阿拉善左旗贺兰山），黑龙江。国外：蒙古国，奥地利，白俄罗斯，捷克，芬兰，法国，英国，德国，意大利，拉脱维亚，列支敦士登，立陶宛，马其顿，挪威，波兰，罗马尼亚，俄罗斯，西班牙，瑞典，瑞士，乌克兰，南斯拉夫，哈萨克斯坦（亚洲部分），北美。

寄主：榆树、蒿属等植物。

10. 雷氏草盲蝽（图21、图22）*Lygus renati* Schwartz，1998

Lygus elegans Aglyamzyanov，1994. Review of species of the genus *Lygus* in the fauna of Mongulia，Ⅱ（Heteroptera：Miridae）. -Zoosystemetica Rossica 3：70，72.

Lygus renati Schwartz：Schwartz & Foottit，1998. Revision of the Nearctic species of the genus *Lygus* Hahn，with a review of the Palaearctic species（Heteroptera：Miridae）. – Memoirs on Entomology，International 10：320.

Lygus renati Schwartz：Kerzhner & Josifov，1999. Catalogue of the Heteroptera of the Palaearctic Region. Volume 3，Cimicomorpha Ⅱ，Miridae. The Netherlands Entomological Society：122.

体狭椭圆形，两侧平行。底色淡黄褐色或淡橙褐色，常有红色成分；有光泽。

头底色淡黄褐，一色，或具3条红色至黑褐色的纵带；唇基具倒“Y”形红纹，上颚片与下颚片背半红，或各缝间红色。额区无成对平行横棱，但可见隐约的深色横纹。雄头顶狭于眼［（0.8～0.9）：1］，雌宽于眼(1.1：1)。头背面毛短小，半直立。触角色同体色；第Ⅰ节一色，腹面黑色，末端有时狭窄地黑色；第Ⅱ节较短，雄常成香肠状，最基部狭细，基部及最末端黑，雌则较细而向端略渐加粗，端段色渐深。喙伸达中足基节端部或后足基节端部。

前胸背板深色斑带较不发达，淡色个体只在胝内缘或内缘及外缘有一小黑斑；胝的周边可为完整或断续的黑色；前侧角可为黑色，而与胝黑斑相连；胝后可有1～2对黑斑或短黑纵带，其后常成淡橙色延伸；侧缘一般无黑斑带；后侧角可有一黑斑；后缘区无深色横带。盘域刻点深，较密，后部刻点较浅小；毛短小。领色淡，毛短。前胸侧板无黑斑。

小盾片在雌虫中黑斑甚小，只在基部中央有一对三角形小黑斑或黑色短纵纹；雄虫则黑斑多样，或与雌同，或尚具一对侧纵带，橙黄、橙红或黑色，或连成“W”形黑带纹；带纹加粗致使小盾片成黑色，基部有一对黄斑，端角黄色。

半鞘翅底色橙褐或污黄褐而带有橙色色泽，几一色，爪片内缘黑褐，爪片脉两侧、革片中部纵脉后半内侧及外侧角处小范围地加深成红、红褐或褐色。缘片外缘黑褐，后端黑褐。楔片最末端黑，基内角有时染成红色，最外缘基部2/5～1/2黑，或全黑。爪片与革片刻点深，深度与前胸背板刻点相近，密，刻点间距多小于或等于刻点直径，少数略大于直径；毛长度中等，长约55 μm，前、后毛略叠覆。

雄虫外生殖器构造见图g～n。

量度（mm）：体长5.5～6.5，体宽2.4～2.8。头长0.55～0.6，头宽1.2～1.25，头顶宽（♂）0.4～0.42，（♀）0.45～0.5。触角各节长（0.55～0.65）：（1.5～1.8）：（0.7～0.85）：（0.6～0.7）。前胸背板长1.08～1.20，后缘宽2.0～2.4。革片长2.4～2.7，楔片长1.20～1.25。

观察标本：1♂3♀♀，兴安盟阿尔山市，2003.Ⅶ.26，石凯采；6♂♂10♀♀，兴安盟科尔沁右翼前旗绿水，2005.Ⅷ.10，那日苏采。

分布：内蒙古兴安盟（阿尔山市、科尔沁右翼前旗），青海，新疆，西藏。国外：蒙古国，哈萨克斯坦（亚洲部分）。

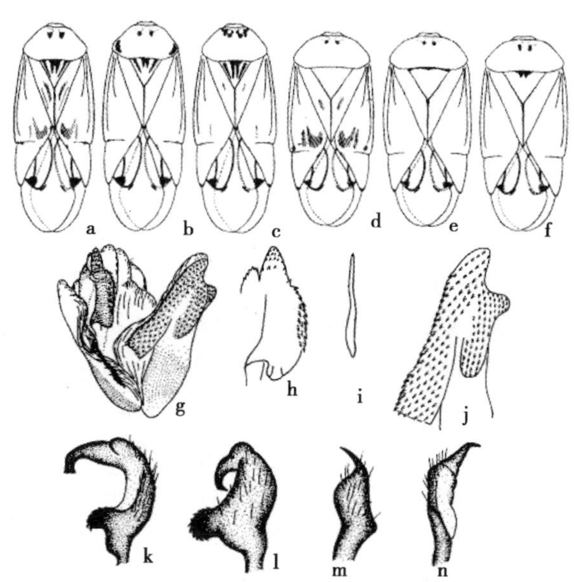

a－c. 雄虫色斑类型（male color patterns）；d－f. 雌虫色斑类型（female color patterns）；g. 阳茎端（vesica）；h. 阳茎端小膜叶（small lobe of vesica）；i. 针突（spicule）；j. 阳茎端大膜叶（large lobe of vesica）；k－l. 左阳基侧突（left paramere）；m－n. 右阳基侧突（right paramere）

图21　雷氏草盲蝽 *Lygus renati* Schwartz（仿郑乐怡，2004图）

图 22　雷氏草盲蝽 *Lygus renati* Schwartz

11. 长毛草盲蝽（图 23、图 24）*Lygus rugulipennis*（Poppius，1911）

Lygus rugulipennis Poppius，1911e. Eine neue *Lygus*-Art aus Finland. -Meddelangen af Societas pro Fauna et Flora Fennica 37：96.

Lygus rugulipennis：Carvalho，1959a. A catalogue of the Miridae of the world. Part Ⅳ. Arq. Mus. Nac.，Rio de Janeiro 48：155.

Lygus rugulipennis：Aglyamzyanov，1990. Review of species of the genus *Lygus* in the fauna of Mongolia，I. Insects of Mongolia，11：36.

Lygus rugulipennis：Zheng & Yu，1992a. Notes on Chinese species of *Lygus* (s. str.) Hahn with descriptions of three new species (Hemiptera：Miridae). Acta Zootax. Sin. 17：353.

Lygus rugulipennis：Qi，1993. Note on the characteristics of genitalia of the bugs of *Lygus* Hahn from Inner Mongulia. -Journal of Inner Mongulia Namorl University (Natural Science Edition). 4：4.

Lygus rugulipennis：Aglyamzyanov，1994. Review of species of the genus *Lygus* in the fauna of Mongolia，II (Heteroptera：Miridae). Zoosystematica Rossica，3 (1)：70.

Lygus rugulipennis：Schuh，1995. Plant bugs of the World (Insect：Heteroptera：Miridae) Systemetic Catalog，Distributions，Host List，and Bibliography. The New York Entomological Society：824.

Lygus rugulipennis：Schwartz & Foottit，1998. Revision of the Nearctic species of the genus *Lygus* Hahn，with a review of the Palaearctic species (Heteroptera：Miridae). -Memoirs on Entomology，International 10：54.

Lygus rugulipennis：Kerzhner & Josifov，1999. Catalogue of the Heteroptera of the Palaearctic Region. Volume 3，Cimicomorpha Ⅱ，Miridae. The Netherlands Entomological Society：122.

体椭圆形，相对较狭；黄褐色，污褐色，或锈褐色，常带红褐色色泽。

头部黄绿色至红褐色，具各式红褐或褐色斑；额区具成对平行横棱纹或无，有时具红褐横纹。头顶宽于眼（雄 1.3 : 1，雌 1.4 : 1）。触角黄，橙黄、红褐或深褐不等；第Ⅰ节腹面常黑褐色；第Ⅱ节多为红褐色，基部及端段深色。喙伸达后足基节。

前胸背板常带红褐色色泽，盘域常大范围具深色晕；前侧角有时略成一角度；胝淡色或周缘深色，可较粗或全部深色；前侧角可具黑斑，可与胝区黑斑相连；胝后有 1 ~ 2 对黑斑或纵带，可伸达后缘黑带，纵带后半常色淡或成红褐色；侧缘可具深色纵带；后缘具深色横带；最淡色个体可全无黑斑带，深色个体黑斑带占据前胸背板大部分面积。前胸侧板具黑斑或全黑。盘域刻点密，较深；毛较长。

中胸盾片外露部分全黑或部分淡色。淡色个体小盾片基部中央只具一对相互靠近的纵走三角形黑斑，常较伸长，伸达小盾片长之半或近末端处；或此外尚有一对侧带纹，不显著或显著，或只出现于侧缘中段，中央黑斑与侧黑带的末端可相连而成完整或不完整的“W”形斑；最深色个体“W”形黑斑可占据小盾片大部分面积。

半鞘翅两侧较平行；革片（包括后部）刻点细，直径与深度约为前胸背板刻点之半，甚密，几相互接触，刻点间距离小于刻点直径之半；毛长密，长 50 ~ 55 μm。前、后毛叠覆。楔片最外缘全黑。

阳茎端针突长度中等，与 *L. pratensis*、*punctatus* 以及 *wagneri* 同属一种类型，两端渐加粗，中段略弯曲。

雌性骨化环长方形。

量度（mm）：体长 5.0 ~ 6.5，体宽 2.5 ~ 3.1。头长 0.6 ~ 0.7，头宽 1.1 ~ 1.25，头顶宽（♂）0.4 ~ 0.45，（♀）0.45 ~ 0.5。触角各节长（0.5 ~ 0.55）:（1.6 ~ 1.7）:（0.85 ~ 0.9）:（0.65 ~ 0.75）。前胸背板长 1.13，后缘宽2.05 ~ 2.45。革片长 2.25 ~ 2.6，楔片长 1.0。

观察标本：1 ♂6 ♀♀，呼伦贝尔市鄂温克族自治旗锡尼河东，1980. Ⅶ.11；2 ♂♂9 ♀♀，呼伦贝尔市扎兰屯市，1981. Ⅶ.9；9 ♂♂19 ♀♀，呼伦贝尔市额尔古纳市，1985. Ⅷ.5；19 ♂♂5 ♀♀，呼伦贝尔市新巴尔虎左旗罕达盖林场，2007. Ⅶ.29，李媛媛采；4 ♂♂13 ♀♀，兴安盟科尔沁右翼中旗，1989. Ⅷ.1；47 ♂♂1 ♀，兴安盟阿尔山市伊尔施镇，2007. Ⅷ.1，李媛媛采；3 ♂♂6 ♀♀，通辽市科尔沁左翼后旗甘旗卡镇，1987. Ⅷ.12；7 ♂

♂1♀，赤峰市克什克腾旗，1990. Ⅶ. 15；4 ♂♂9♀♀，赤峰市喀喇沁旗旺业甸镇，1990. Ⅶ. 23；3 ♂♂4♀♀，锡林郭勒盟正蓝旗，1987. Ⅷ. 3；4 ♂♂3♀♀，乌兰察布市凉城县蛮汉山，1986. Ⅷ. 30；12 ♂♂28♀♀，乌兰察布市卓资山，1987. Ⅷ. 19；3 ♂♂11♀♀，包头市固阳银号无义会，1980. Ⅸ. 12；17 ♂♂33♀♀，甘肃肃南，1991. Ⅷ. 21；3 ♂♂11♀♀，青海省西宁，1977. Ⅶ. 9。

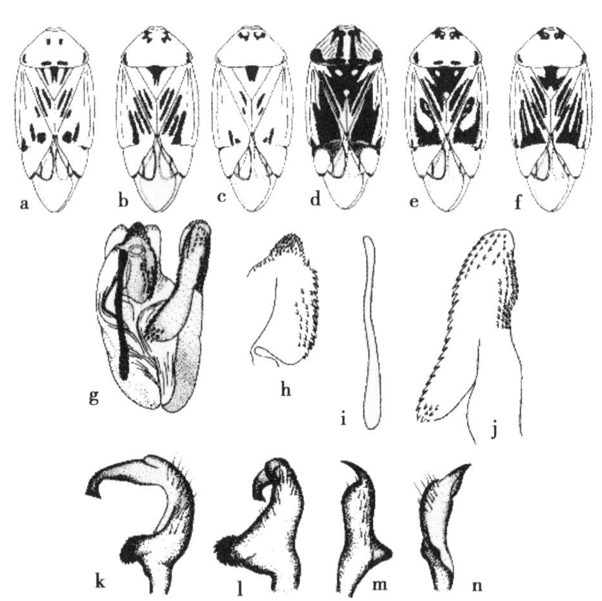

a－f. 色斑类型（color patterns）；g. 阳茎端（vesica）；h. 小膜叶（small lobe of vesica）；i. 针突（spicule）；j. 大膜叶（large lobe of vesica）；k－l. 左阳基侧突（left paramere）；m－n. 右阳基侧突（right paramere）

图23　长毛草盲蝽 *Lygus rugulipennis*（Poppius）（仿郑乐怡，2004 图）

分布：内蒙古包头市（固阳县）、呼伦贝尔市（鄂温克族自治旗、扎兰屯市、额尔古纳市、新巴尔虎左旗）、兴安盟（科尔沁右翼中旗、阿尔山市）、通辽市（科尔沁左翼后旗）、赤峰市（克什克腾旗、喀喇沁旗）、锡林郭勒盟（正蓝旗）、乌兰察布市（凉城县、卓资县），河北，黑龙江，吉林，辽宁，河南，四川，甘肃，青海，新疆，西藏。国外：蒙古国，阿尔巴尼亚，安道尔，奥地利，比利时，波黑，保加利亚，白俄罗斯，克罗地亚，捷克，丹麦，哈萨克斯坦，爱沙尼亚，土耳其，芬兰，法国，英国，德国，希腊，匈牙利，爱尔兰，意大利，拉脱维亚，列支敦士登，立陶宛，马其顿，

图 24　长毛草盲蝽 *Lygus rugulipennis*（Poppius）

摩尔达维亚，荷兰，挪威，波兰，葡萄牙，罗马尼亚，俄罗斯（远东地区），斯洛伐克，斯洛文尼亚，西班牙，瑞典，瑞士，乌克兰，南斯拉夫，阿塞拜疆，亚美尼亚，格鲁吉亚，伊朗，日本，朝鲜，北美。

12. 西伯利亚草盲蝽（图 25）*Lygus sibiricus* Aglyamzyanov，1990

Lygus sibiricus Aglyamzyanov，1990. Review of species of the genus *Lygus*（Heteroptera，Miridae） in the fauna of Mongulia， Ⅰ. -Nasekomye Mongolii 11：30.

Lygus sibiricus：Qi，1993. Note on the characteristics of genitalia of the bugs of Lygus Hahn from Inner Mongulia. -Journal of Inner Mongulia Namorl University（Natural Science Edition）. 4：1.

Lygus sibiricus：Aglyamzyanov，1994. Review of species of the genus *Lygus* in the fauna of Mongolia，II（Heteroptera：Miridae）. Zoosystematica Rossica，3（1）：69.

Lygus sibiricus：Schuh，1995. Plant bugs of the World（Insect：Heteroptera：Miridae）Systemetic Catalog，Distributions，Host List，and Bibliography. The New York Entomological Society：826.

Lygus sibiricus：Schwartz & Foottit，1998. Revision of the Nearctic species of the genus *Lygus* Hahn，with a review of the Palaearctic species（Heteroptera：Miridae）. -Memoirs on Entomology，International 10：321.

Lygus sibiricus：Kerzhner & Josifov，1999. Catalogue of the Heteroptera of the Palaearctic Region. Volume 3，Cimicomorpha Ⅱ，Miridae. The Netherlands Entomological Society：123.

体椭圆形，相对较宽。污绿色或污黄，有时具褐或锈褐色色泽。

头无成对平行横棱，但可见隐约的深色横纹；只少数个体全无黑斑；一

般额 - 头顶区具一对侧黑纵带纹，或同时尚有一条中纵黑带纹，长短不一；唇基可有一中纵黑带纹；上颚片常具一黑色中纵带，伸达触角窝。头顶宽于眼（1.2：1）。触角第Ⅰ节腹面有一黑纵带纹，第Ⅱ节基部及端段黑色，第Ⅲ、第Ⅳ节黑。喙长，伸达后足基节末端或略伸过之。

前胸背板底色由淡至较深不等，最淡色的个体仅在胝的内缘处具一黑斑；胝尚可在外缘处具一黑斑，或胝的边缘黑色；胝后有 1～2 对黑色点状斑，或伸长成条状黑带，最长可伸达盘域中部，其后并可延长成较淡的暗带伸达后缘；侧缘前端、中部可有黑斑或连成黑带，并延至后侧角，与该处黑斑相连；后缘区在淡色个体中可淡色而全无黑斑或可全长色暗，中部具一对黑横带或二带相连，并可与后侧角黑斑相连。盘域刻点深而稀疏；毛短小；领毛亦短。前胸侧板有黑斑。

小盾片具 3～4 条黑纵带：中央一对短而靠近，各成三角形，后端尖，可基部相遇而成二叉形，也可完全愈合为一条完整而末端平整的宽中纵带，或略伸过小盾片长之半；侧方一对常较长，粗细不一，少数个体为红色。爪片脉两侧区常色深，中段尤甚，或仅脉的内侧散布深色小斑。革片后部具形状不规则的黑斑，其中革片中部纵脉后端区域及外端角黑斑明显；革片外侧多少具褐色点斑；革片中部刻点较爪片及革片其他区域刻点稀浅，与前胸背板刻点密度相近，刻点间距等于或大于直径；革片后部刻点则较密而均匀，间距小于刻点直径；毛长约 60 μm。缘片最外缘黑色。楔片具浅刻点及淡色密短毛，基外角及端角黑，最外缘基部 1/3～1/2 黑色。膜片烟色，沿翅室后缘为一深色带，在大室后端后延达于膜片末端，然后向两侧伸展，成沿膜片后缘的深色带纹。

后足股节端段具 2 深色环，后足胫节具膝黑斑及膝下黑斑。腹下中央有黑斑。

阳茎端针突较长，向端渐细，中段微弯，末端细而不锐，具少数微刺。

量度（mm）：体长 5.2～6.5，体宽 2.5～2.8。头长 0.6～0.7，头宽 1.05～1.15，头顶宽（♂）0.4～0.45，（♀）0.47～0.5。触角各节长（0.5～0.6）：（1.4～1.8）：（0.9～1.1）：（0.7～0.8）。前胸背板长 1.13，后缘宽2.1～2.5。革片长 2.5～2.7，楔片长 1.08。

观察标本：7♂♂14♀♀，呼伦贝尔市鄂温克族自治旗锡尼河东，1980. Ⅶ. 20；6♂♂7♀♀，呼伦贝尔市鄂温克族自治旗维纳河，1980. Ⅶ. 30；3♂♂10♀♀，呼伦贝尔市扎兰屯市，1981. Ⅶ. 10；4♂♂9♀♀，呼伦贝尔市扎兰屯市，1981. Ⅶ. 13；11♂♂13♀♀，呼伦贝尔市额尔古纳市，

1985. Ⅶ. 20；1♂4♀♀，兴安盟阿尔山市伊尔施镇，1985. Ⅵ. 30；17♂♂23♀♀，兴安盟科尔沁右翼中旗，1989. Ⅶ. 25；3♂♂11♀♀，通辽市霍林河市，1990. Ⅷ. 23；7♂♂13♀♀，赤峰市克什克腾旗，1989. Ⅵ. 27；11♂♂28♀♀，赤峰市喀喇沁旗旺业甸，1990. Ⅶ. 19；3♂♂11♀♀，赤峰市宁城县黑里河，1990. Ⅵ. 23；1♂6♀♀，锡林郭勒盟东乌珠穆沁旗盐池，1976. Ⅷ. 12；3♂♂19♀♀，锡林郭勒盟正蓝旗桑根达莱，1978. Ⅷ. 10；2♂♂9♀♀，锡林郭勒盟太仆寺旗，1987. Ⅷ. 4；13♂♂19♀♀，乌兰察布市凉城县蛮汉山，1980. Ⅸ. 17；12♂♂5♀♀，呼和浩特市乌苏图，1964. Ⅷ. 26；2♂♂3♀♀，呼和浩特市土默特左旗，1983. Ⅴ. 8；4♂♂11♀♀，呼和浩特市大青山干杖沟，1988. Ⅵ. 11；1♀，呼和浩特市蒙牛牧场，2007. Ⅵ. 26，李媛媛采；18♂♂24♀♀，呼和浩特市森林公园，2007. Ⅶ. 10，李媛媛采；3♂♂5♀♀，包头市固阳银号无义会，1980. Ⅸ. 12；4♂♂7♀♀，包头市固阳县五当昭，1980. Ⅸ. 15；11♂♂3♀♀，甘肃肃南，1991. Ⅷ. 22；21♂♂105♀♀，甘肃兰州榆中兴隆山，2007. Ⅷ. 28，李媛媛采；7♂♂13♀♀，青海省西宁，1977. Ⅶ. 11。

分布：内蒙古各地，河北，黑龙江，吉林，四川，陕西，甘肃，青海。国外：蒙古国，朝鲜，俄罗斯（西伯利亚、远东地区）。

寄主：蒿、杨、食用豌豆、沙打旺、山区杂草等。

图 25　西伯利亚草盲蝽 *Lygus sibiricus* Aglyamzyanov

13. 瓦氏草盲蝽（图 26、图 27）*Lygus wagneri*（Remane，1955）

Lygus（*Exolygus*）*wagneri* Remane，1955. *Lygus*（*Exolygus*）wagneri nov. cpec.，eine weitere europäische *Exolygus*-Art. Vorläufige Mitteilung. -Zoologischer Anzeiger 155：115.

Lygus wagneri Remane：Carvalho，1959a. A catalogue of the Miridae of the world. Part Ⅳ. Arq. Mus. Nac.，Rio de Janeiro 48：157.

Lygus wagneri Remane：Aglyamzyanov，1990. Review of species of the genus *Lygus* in the fauna of Mongolia, I. Insects of Mongolia, 11: 36.

Lygus wagneri Remane: Zheng & Yu, 1992a. Notes on Chinese species of *Lygus* (s. str.) Hahn with descriptions of three new species (Hemiptera: Miridae). Acta Zootax. Sin. 17: 353.

Lygus wagneri Remane: Qi, 1993. Note on the characteristics of genitalia of the bugs of *Lygus* Hahn from Inner Mongulia. –Journal of Inner Mongulia Namorl University (Natural Science Edition). 4: 2.

Lygus wagneri Remane: Aglyamzyanov, 1994. Review of species of the genus *Lygus* in the fauna of Mongolia, II (Heteroptera: Miridae). Zoosystematica Rossica, 3 (1): 71.

Lygus wagneri Remane: Schwartz & Foottit, 1998. Revision of the Nearctic species of the genus *Lygus* Hahn, with a review of the Palaearctic species (Heteroptera: Miridae). –Memoirs on Entomology, International 10: 322.

Lygus wagneri Remane: Kerzhner & Josifov, 1999. Catalogue of the Heteroptera of the Palaearctic Region. Volume 3, Cimicomorpha Ⅱ, Miridae. The Netherlands Entomological Society: 123.

长椭圆形。底色淡黄褐至红褐色或锈褐色，多少带有红色色泽，有光泽。

头淡黄褐或淡橙褐；额头顶区具橙褐色至黑色中纵带及沿眼内缘的侧纵带，中带可扩展而成斑块状，在额前端处与侧带连成一片；唇基及头侧面在淡色个体中只唇基端部黑色，在深色个体中几全黑，只上颚片基部与中部具黄斑。额宽于眼（雄1.20∶1，雌1.25∶1）。额光滑，无横棱，可见隐约的淡色横纹。触角第Ⅰ节污黄褐，腹面具黑纵带；第Ⅱ节污锈褐，最基部及端半或端段黑；第Ⅲ、第Ⅳ节黑色。喙伸达后足基节末端。

前胸背板底色淡黄褐至淡污黄褐，带有红色色泽。领色淡，毛亦短。胝淡色，或几全部为黑色；胝前内角可有黑斑前伸几达领，前外角有一黑带伸达前胸背板前侧角；各胝后有2对深色斑或纵带，其基段黑色，端段常成红色而较隐约，后端大致可达后缘，或中央一对基段黑色，侧方一对全红；侧缘具黑带或红带；后缘无明显深色横带纹。盘域刻点深，有时色深，密度中等或较密，毛短小。前胸侧板具黑斑或全黑。

小盾片具明显的“W”形黑纹，或因带纹很粗而致小盾片近全黑，只余基方小斑与端角为黄白色。爪片与革片底色淡黄褐，具少量褐斑，或底色红褐或锈褐，具较大面积的黑褐斑；淡化色斑多在爪片两侧中段、革片后区以及革片外缘处；深色个体脉常红，部分刻点褐色。革片刻点深密均匀，后部无平坦光滑区域，刻点间距小于刻点直径；毛长度中等，长 40 ~ 50 μm，前、后毛几叠覆或略叠覆。缘片外缘黑。楔片端角黑，内缘常红，侧缘基部 1/3 ~ 1/2 黑。

后足股节端段有 3 褐环。后足胫节具 2 个褐斑。

阳茎端构造与 *L. punctatus* 相似，但本种针突中央细，两端略粗，且呈弧状弯曲。据此可以鉴别。

量度（mm）：体长 5.5 ~ 7.0，体宽 2.5 ~ 3.0。头长 0.5 ~ 0.7，头宽 1.1 ~ 1.28，头顶宽（♂）0.43 ~ 0.45，（♀）0.5 ~ 0.55。触角各节长（0.5 ~ 0.65）：（1.6 ~ 2.3）：（0.9 ~ 1.05）：（0.7 ~ 0.75）。前胸背板长 1.30，后缘宽 2.1 ~ 2.6。革片长 2.4 ~ 2.7，楔片长 1.18。

本种外形上同 *punctatus* 很相似，不易区别。可据革片刻点密而均匀，无较大的光滑平坦区域以区别于后者。

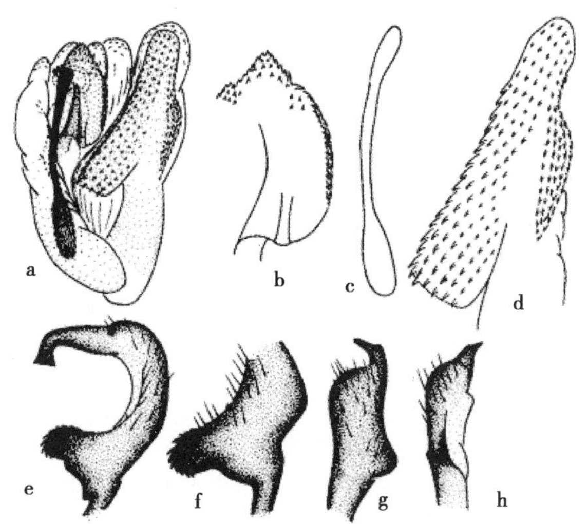

a. 阳茎端（vesica）；b. 阳茎端小膜叶（small lobe of vesica）；c. 针突（spicule）；d. 阳茎端大膜叶（large lobe of vesica）；e – f. 左阳基侧突（left paramere）；g – h. 右阳基侧突（right paramere）

图 26　瓦氏草盲蝽 *Lygus wagneri*（Remane）（仿郑乐怡，2004 图）

观察标本：2♂♂4♀♀，呼伦贝尔市扎兰屯市，1981. Ⅶ. 8；4♂♂11♀♀，呼伦贝尔市额尔古纳市，1985. Ⅷ. 3；2♂♂6♀♀，兴安盟科尔沁右翼中旗，1989. Ⅶ.23；2♂♂7♀♀，兴安盟阿尔山市，1990. Ⅷ.8；3♂♂8♀♀，赤峰市巴林左旗罕山，1988. Ⅷ.19；3♂♂5♀♀，乌兰察布市卓资山，1987. Ⅵ.19；1♂5♀♀，包头市固阳银号无义会，1980. Ⅸ.12；3♂♂4♀♀，包头市，1983. Ⅶ.12；2♀♀，巴彦淖尔市乌拉特前旗乌梁素海，1979. Ⅵ.13。

分布：内蒙古各地，黑龙江，新疆。国外：蒙古国，阿尔巴尼亚，安道尔，奥地利，比利时，保加利亚，白俄罗斯，捷克，丹麦，爱沙尼亚，芬兰，法国，英国，德国，希腊，爱尔兰，意大利，列支敦士登，卢森堡，马其顿，荷兰，挪威，波兰，罗马尼亚，俄罗斯，斯洛伐克，斯洛文尼亚，西班牙，瑞士，瑞典，格鲁吉亚，朝鲜。

寄主：大籽蒿等。

图 27　瓦氏草盲蝽 *Lygus wagneri*（Remane）

二、丽盲蝽属 *Lygocoris* Reuter，1875

模式种 Type species：*Cimex pabulinus* Linnaeus，1761

Plesiocoris Fieber，1861. Die europaischen Hemiptera. Halbflugler（Rhynchota Heteroptera）.

Gerold's Sohn，Wien：272（as subgenus of *Lygus* Hahn）.

Lygocoris Reuter，1875a. Hemiptera Gymnocerata Scandinaviae et Fenniae disposuit et descripsit. Pars Ⅰ. Cimicidae（Capsina）. -Acta Societatis pro Fauna et Flora Fennica 1：61（as subgenus of *Lygus* Hahn；upgraded by Leston，1957. The British *Lygocoris* Reuter（Hem.：Miridae），including a new species. -Entomologist 90：129）.

Dolicholygus Bliven，1957. Some Californian mirids and leafhoppers，including two new genera and four new species. -Occidental Entomologist 1：1 – 7（syn. Chérot & Schwartz，1998. Identity of *Dolicholygus* Bliven and *Xerolygus*

Bliven (Heteroptera: Miridae: Mirini). -Pan-Pacific Entomologist 74: 108).

Lygocoris: Carvalho, 1959a. A catalogue of the Miridae of the world. Part Ⅳ. Arq. Mus. Nac., Rio de Janeiro 48: 132.

Lygocoris: Southwood & Leston, 1959a. Land and Water Bugs of the British Isles. Frederick Warne and Co., London. 280.

Lygocoris: Kerzhner, 1964a. Family Isometopidae. Family Miridae (Capsidae), pp. 700 – 765.

In: Bei-Bienko, G. Y. (ed.)., Opredelitel, nasekomykh evropeiskoichasti SSSR [Keys to the Insects of the European part of the USSR]. Vol. 1. Apterygota, Palaeoptera, Hemimetabola. Nauka, Moskova and Leningrad. [In Russian; English translation: 1967, Israel Program for Scientific Translation, Jerusalem. 939].

Lygocoris: Kelton, 1971c. Review of *Lygocoris* species found in Canada and Alaska (Heteroptera: Miridae). Mem. Entomol. Soc. Canada 83: 1.

Lygocoris: Kerzhner, 1972a. New and little known Heteroptera from the Far East of the USSR. Trudy Zool. Inst. Akad. Nauk SSSR 52: 285.

Lygocoris: Kerzhner, 1979a. New Heteroptera from the Far East of the USSR. -Trudy Zool. Inst. Akad. Nauk SSSR 81: 24.

Lygocoris: Kelton, 1980e. The plant bugs of the prairie provinces of Canada. Heteroptera: Miridae. Part 8. In: The Insects and Arachnids of Canada. Agriculture Canada Research Branch Publication 1703: 146.

Lygocoris: Yasunaga, 1991h. A revision of the plant bug, genus *Lygocoris* Reuter from Japan, Part Ⅰ (Heteroptera, Miridae, *Lygus*-complex). Jap. J. Entomol. 59: 440.

Lygocoris: Yasunaga, 1992a. A revision of the plant bug genus *Lygocoris* Reuter from Japan, Part Ⅵ (Heteroptera, Miridae, *Lygus*-complex). Japanese J. Entomol. 60: 528.

属征：体长形，中等大小，3.3 ~ 9.6 mm，两侧多平行，体背面通常为均一的绿色、淡黄褐色或黄褐色，除少数种类外无深色斑，被有淡色或深色毛。

头垂直或略前倾；头顶后缘嵴明显，有时中段消失；中纵沟两侧常具微刻区，雄虫明显；唇基略前突。触角相对细长。前胸背板中度倾斜，领粗细适中，刻点相对较密，有一定深度，分布均匀，常略呈皱刻状；胝略隆出，界限较明显，胝间区域无刻点，有时略下凹。半鞘翅各部分刻点深浅疏密常不甚均匀；楔片狭长。足细长，后足股节常伸过腹部末端；胫节无深色斑，胫节刺多为浅色，刺基无深色小点斑。体腹面颜色多同背面。

雄性外生殖器：左抱器强烈弯曲，感觉叶发达、扩展；端突常扭转。右抱器变异较大，有时狭长，有时抱器体部粗壮，端突为短小的爪状。阳茎鞘具片状突，阳茎端膜质部分分为两个主膜叶，各主膜叶又常分为两个或较多的支叶或膜囊，右前膜囊有一狭长骨化区，边缘具细齿，膜囊表面常具微刺；具一枚针突，骨化强，基半部粗，多弯曲或扭曲；导精管长筒形，近端部略膨大，次生生殖孔多开口于较近端部的位置。

雌性骨化环近三角形，每环均向中部渐变尖。交配囊后壁支间叶肾脏形，具微刺；侧叶发达，较强烈地向两侧伸展，于中央愈合；背结构圆形，部分被侧叶所遮盖；中突相对小，不发达。

长期以来认为本属与邻近属的主要区别是头顶后缘嵴中央部分消失，并为绿色无深色斑的种类；但本书的研究认为，阳茎端的总体构型与左阳基侧突特征为优良的鉴别特征，依此而界定的属内大部分种类头顶后缘嵴完整，并且包括一些身体为其他颜色的种。

丽盲蝽属多数分布于古北界，我国种类多栖息于木本植物上。全世界已知近30种，我国已发现20余种，到目前为止我国蒙新区共记录丽盲蝽属昆虫7种。

1. 晕斑丽盲蝽（图28、图29）*Lygocoris diffusomaculatus* Lu *et* Zheng, 2001

Lygocoris（*Lygocoris*）*diffusomaculatus* Lu et Zheng, 2001. Review of Chinese species of *Lygocoris*（subg. *Lygocoris*）Reuter（Heteroptera：Miridae：Mirinae）. Acta Zootaxonomica Sinica, 26（2）：126－128.

雄虫体长形，两侧平行；雌虫长椭圆形；背面浅绿至黄褐色；具黄褐色毛。

头略前倾，浅黄褐色；雄头顶宽为头宽的0.32倍，雌为0.40倍；头顶后缘嵴完整，但中段较弱；唇基与头同色。触角第Ⅰ、第Ⅱ节黄褐，第Ⅱ节端部1/5～1/3深褐；第Ⅲ、第Ⅳ节深褐。喙伸达后足基节。

领黄白至黄褐。前胸背板浅绿至黄褐，如为绿色，则胝区及胝前区多为黄色；盘域刻点较大，具横皱，毛密；胝较饱满，胝间区略低于胝，胝的内缘痕印状。小盾片微隆起，同体色；具横皱。革片基半部浅黄绿色，端半部除最末端为绿色或黄褐色外，加深为浅褐色晕状大斑，深色部分上的毛为黑褐色，浅色部分上的毛为黄褐色；刻点细密且浅。爪片端部内侧褐色，毛色变化同革片。楔片长约为基部宽的 2.0 倍。膜片淡烟褐色，翅室内端部褐色，室外侧有一环状或半环状的褐色斑；翅脉浅绿色至黄褐色。体下黄白至黄褐色。足黄褐；胫节刺黄褐。

左阳基侧突感觉叶强烈扩展，端突呈扭结状。右阳基侧突感觉叶略向前扩展，端突短，直。阳茎鞘片状突狭长形，末端尖。阳茎端针突基半部甚粗，端半部突然变细，明显弯曲；其余构造见图 29f～g。

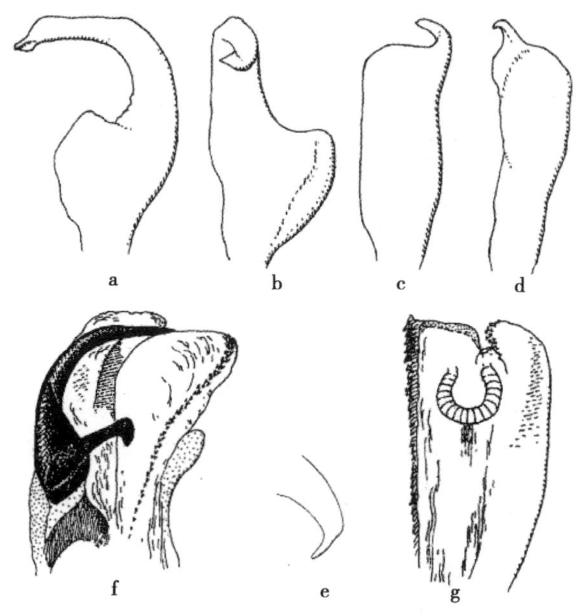

a－b. 左阳基侧突（left paramere）；c－d. 右阳基侧突（right paramere）；e. 阳茎鞘片状突（tab of theca）；f－g. 阳茎端（vesica）

图 28　晕斑丽盲蝽 *Lygocoris diffusomaculatus* Lu *et* Zheng（仿郑乐怡，2004 图）

量度（mm）：体长 6.02～6.44，体宽 1.87～2.07。头长 0.27～0.37，头宽 0.94～1.02。头顶宽（♂）0.34，（♀）0.43。触角各节长（0.72～0.83）：（2.27～2.39）：（1.52～1.87）：（0.74～0.85）。前胸背板长 0.95～1.12，后缘宽 1.69～1.90。革片长 2.84～2.92，楔片长 0.99～1.09。

与 *L. rugosicollis*（Reuter）相似，但体较小，革片具褐色斑，翅脉绿或

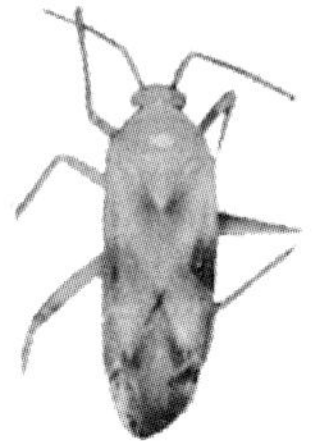

图 29　晕斑丽盲蝽 *Lygocoris diffusomaculatus* Lu *et* Zheng

黄褐色。

分布：甘肃，湖北。

2. 淡色丽盲蝽（图 30、图 31）*Lygocoris dilutus* Lu *et* Zheng，2001

Lygocoris（*Lygocoris*）*dilutus* Lu et Zheng，2001. Review of Chinese species of *Lygocoris*（subg. *Lygocoris*）Reuter（Heteroptera：Miridae：Mirinae）. Acta Zootaxonomica Sinica，26（2）：128.

体略长；黄绿至浅黄褐色，无深色斑；具黄褐色毛。

头垂直，黄褐色，通常略带红色，略具光泽；雄头顶宽为头宽的 0.34 倍，雌虫为 0.46 倍；头顶后缘嵴完整，中纵沟浅；唇基与头同色。触角第Ⅰ、第Ⅱ节黄褐，第Ⅱ节端部 1/4 深褐；第Ⅲ、第Ⅳ节深褐。喙伸过后足基节。前胸背板相对短平，前倾程度较弱，表面点皱状，刻点较细密，较浅，向外渐粗密，浅黄褐；胝色略深，淡橙褐色，略隆出，有光泽；盘域具黄褐色毛。小盾片同体色，横皱细密且浅，有时尚具细疏刻点。爪片与革片浅黄褐；爪片内缘狭细地黑褐色，刻点浅，密于革片；革片半透明，刻点细浅而密，均匀；缘片最外缘侧面观狭细地褐色。楔片长约为其基部宽的 2 倍；膜片灰褐色。体下浅黄褐色。足浅黄褐，无斑；有时后足股节端部浅褐色；胫节刺浅黄褐或呈褐色。

左阳基侧突感觉叶扩展，端突扁粗，下弯。右阳基侧突感觉叶向前强烈扩展，圆弧状凸出，端突极短，爪状，弯曲。阳茎鞘具钩状片状突。阳茎端针突粗，缓弯；其余构造见图 30 – d。

量度（mm）：体长 5.67 ~ 7.22，体宽 1.79 ~ 2.45。头长 0.30 ~ 0.48，头宽 0.92 ~ 1.05。头顶宽（♂）0.38，（♀）0.45。触角各节长（0.61 ~ 0.78）：（1.90 ~ 2.24）：（0.95 ~ 1.02）：（0.68 ~ 0.78）。前胸背板长

0.82～0.95，后缘宽1.45～2.07。革片长2.43～3.15，楔片长0.88～0.99。

相似于东亚丽盲蝽 *L. idoneus*（Linnavuor），但本种头领较窄，喙较长，雄性外生殖器结构不同。

分布：甘肃。

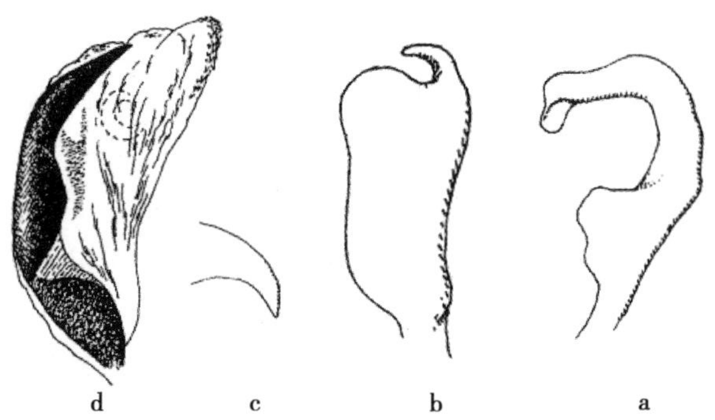

a. 左阳基侧突（left paramere）；b. 右阳基侧突（right paramere）；c. 阳茎鞘片状突（tab of theca）；d. 阳茎端（vesica）

图30　淡色丽盲蝽 *Lygocoris dilutus* Lu *et* Zheng（仿郑乐怡，2004图）

图31　淡色丽盲蝽 *Lygocoris dilutus* Lu *et* Zheng

3. 东亚丽盲蝽（图32）*Lygocoris idoneus*（Linnavuori，1963）

Lygus idoneus Linnavuori，1963. Contributions to the Miridae fauna of the Far East Ⅲ. Annales Entomologici Fennici，29（2）：79.

Lygus(*Neolygus*) *idoneus*(Linnavuori): Miyamoto, 1965. Heteroptera. In: Asahina, S., et al. (ed.), Iconograhia Insectorum Japonicorum Colore Naturali Edita. 3: 100.

Lygocoris（*Lygocoris*）*idoneus*（Linnavuori）：Kerzhner，1972a. New and little known Heteroptera from the Far East of the USSR. Trudy Zool. Inst. Akad. Nauk SSSR 52：285.

Lygocoris (*Lygocoris*) *idoneus* (Linnavuori): Kerzhner, 1988a. Family Miridae. -In: Keys to the insects of the Far East of the USSR (P. A. Lehr, ed.) 2: 800.

Lygocoris idoneus(Linnavuori): Miyamoto & Yasunaga, 1989a. Heteroptera. In: Checklist of Japanese Insects, Ⅰ: 160.

Lygocoris (*Lygocoris*) *idoneus* (Linnavuori): Yasunaga, 1991h. A revision of the plant bug, genus *Lygocoris* Reuter from Japan, Part Ⅰ (Heteroptera, Miridae, *Lygus*-complex). Jap. J. Entomol. 59: 441.

Lygocoris idoneus (Linnavuori): Schuh, 1995. Plant bugs of the World (Insect: Heteroptera: Miridae) Systemetic Catalog, Distributions, Host List, and Bibliography. The New York Entomological Society: 801.

Lygocoris (*Lygocoris*) *idoneus* (Linnavuori): Kerzhner & Josifov, 1999. Catalogue of the Heteroptera of the Palaearctic Region. Volume 3, Cimicomorpha Ⅱ, Miridae. The Netherlands Entomological Society: 113.

Lygocoris (*Lygocoris*) *idoneus* (Linnavuori): Lu & Zheng, 2001. Review of Chinese species of *Lygocoris* (subg. *Lygocoris*) Reuter (Heteroptera: Miridae: Mirinae). Acta Zootaxonomica Sinica, 26 (2): 134.

体长形：背面浅绿色，无深色斑；具黄褐色毛。

头略带黄色；雄头顶宽为头宽的0.29倍，雌虫为0.39倍；头顶后缘嵴完整；唇基多少前突。触角第Ⅰ、第Ⅱ节黄褐，第Ⅱ节端部1/3黑褐，第Ⅲ、Ⅳ节黑褐；或触角全为黑褐色。喙伸达中足基节末端至后足基节末端。前胸背板浅绿，胝前有时黄色；刻点细密，具黄褐色毛。小盾片具横皱。半鞘翅刻点细密且浅，楔片长约为基部宽的2倍；膜片淡烟褐色，翅脉浅绿色。腹面黄褐色。足黄褐，无斑；胫节刺浅黄褐。

左阳基侧突感觉叶强烈扩展。右阳基侧突感觉叶发达，圆钝地前伸；端突较长，爪状。阳茎鞘具钩状片状突。阳茎端针突基部粗壮，筒形，然后较突然地变细，缓弯而渐尖细；其余结构见图32c～d。

量度（mm）：体长5.81～7.41，体宽1.9～2.73。头长0.34～0.41，头宽0.95～1.1。头顶宽（♂）0.25，（♀）0.38。触角各节长（0.51～0.66）：（1.82～2.2）：（0.91～1.21）：（0.72～0.8）。前胸背板长0.83～1.05，后缘宽1.65～2.15。革片长2.66～3.38，楔片长0.99～1.26。

采于柳属（*Salix* sp.）上。

与 *L. Pabulinus* 极似，但可据较窄的头领，头顶后缘嵴完整及仅末节端部 1/3 深褐色的跗节与之区别。

分布：甘肃，福建，四川，云南。国外：俄罗斯（远东地区），朝鲜，日本。

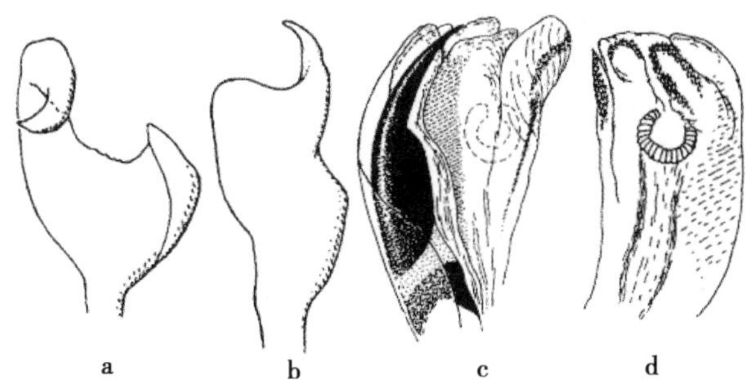

a. 左阳基侧突（left paramere）；b. 右阳基侧突（right paramere）；c－d. 阳茎端（vesica）

图 32　东亚丽盲蝽 *Lygocoris idoneus*（Linnavuori）（仿郑乐怡，2004 图）

4. 完嵴丽盲蝽（图 33、图 34）*Lygocoris integricarinatus* Lu *et* Zheng, 2001

Lygocoris（*Lygocoris*）*integricarinatus* Lu et Zheng，2001. Review of Chinese species of *Lygocoris*（subg. *Lygocoris*）Reuter（Heteroptera：Miridae：Mirinae）. Acta Zootaxonomica Sinica，26（2）：136－137.

体略呈长形；背面绿至黄褐色，无深色斑；具黄褐色毛。

头略前倾；雄头顶宽为头宽的 0.35 倍；头顶后缘嵴完整；唇基黄褐，有时端部略加深为浅褐色。触角第Ⅰ节黄褐，有时腹面褐色；第Ⅱ节色加深，污黄褐至黑褐色；第Ⅲ、第Ⅳ节黑色。喙几乎伸达后足基节。

前胸背板黄褐，如为绿色，则胝区黄褐色；刻点细密，具黄褐色毛。小盾片同体色；基半部横皱明显。半鞘翅一色；楔片长约为基部宽的 2.0 倍；膜片烟褐色；紧贴大室后缘脉的膜片上有一短的褐色横斑。体腹面黄白至黄褐。足黄褐，无斑；胫节刺黄褐色。

左阳基侧突体较粗，感觉叶发达，伸出；端突回扭。右阳基侧突基外角突伸，感觉叶发达扩展，端部约成直角状折弯；端突较短，爪状，末端圆钝。阳茎鞘具钩状片状突。阳茎端针突圆柱形，长，向端渐尖细，略弯曲；其余结构见图 33d～f。

量度（mm）：体长 5.67 ~ 6.51，体宽 1.98 ~ 2.12。头长 0.37 ~ 0.41，头宽 0.99 ~ 1.02。头顶宽（♂）0.36。触角各节长（0.55 ~ 0.66）：（2.01 ~ 2.20）：（0.96 ~ 1.05）：（0.74 ~ 0.83）。前胸背板长 0.90 ~ 0.97，后缘宽 1.67 ~ 1.76。革片长 2.63 ~ 2.88，楔片长 0.90 ~ 1.04。

相似于 *L. Pabulinus*，但头顶后缘嵴完整，触角颜色较深，雄性外生殖器不同。

分布：甘肃，四川。

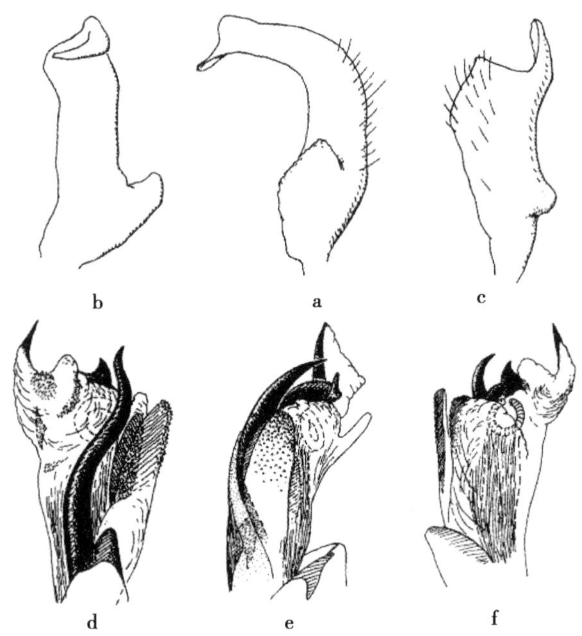

a－b. 左阳基侧突（left paramere）；c. 右阳基侧突（right paramere）；d－f. 阳茎端（vesica）

图 33　完嵴丽盲蝽 *Lygocoris integricarinatus* Lu *et* Zheng（仿郑乐怡，2004 图）

5. 原丽盲蝽（图 35、图 36）*Lygocoris pabulinus*（Linneaus，1761）

Cimex pabulinus Linnaeus，1761. Fauna Svecica sistens animalia sveciae regni：Mammalia，Aves，Amphibia，Pisces，Insecta，Vermes，distribute per classes & ordines，genera & species：253.

Lygus pabulinus var. *signifer* Reuter，1909b. Bemerkungen über nearktische Capsiden nebst Beschreibung neuer Arten. -Acta Societatis Scientiarum Fennicae 36（2）：42.

图 34　完嵴丽盲蝽 *Lygocoris integricarinatus* Lu *et* Zheng

Lygus pabulinus：Hsiao，1942. A list of Chinese Miridae（Hemiptera）with keys to subfamilies，tibes，genera and species. Iowa State College Journal of Science，165（2）：263.

Lygocoris（*Lygocoris*）*pabulinus*（Linnaeus）：Kelton，1955a. Genera and subgenera of the *Lygus* complex（Heteroptera：Miridae）. -Canadian Entomologist 87：278.

Lygocoris pabulinus：Carvalho，1959a. A catalogue of the Miridae of the world. Part Ⅳ. Arq. Mus. Nac.，Rio de Janeiro 48：134.

Lygocoris（*Lygocoris*）*pabulinus*（Linnaeus）：Josifov & Kerzhner，1972. Heteroptera aus Korea. Ⅰ. Teil（Ochteridae，Gerridae，Saldidae，Nabidae，Anthocoridae，Miridae，Tingidae und Reduviidae）. -Annales Zoologici，Warszawa 29：157.

Lygocoris（*Lygocoris*）*pabulinus*（Linnaeus）：Kerzhner，1972a. New and little known Heteroptera from the Far East of the USSR. Trudy Zool. Inst. Akad. Nauk SSSR 52：285.

Lygocoris（*Lygocoris*）*pabulinus*（Linnaeus）：Kerzhner，1988a. Family Miridae. -In：Keys to the insects of the Far East of the USSR（P. A. Lehr，ed.）2：800.

Lygocoris pabulinus var. *vitellinus* Reichling, 1990. Notes hétéroptérologiques. -Bulletin de la Société des Naturalistes Luxembourgeoise 90: 172.

Lygocoris（*Lygocoris*）*pabulinus*（Linnaeus）：Yasunaga，1991b. A revision of the plant bug，genus *Lygocoris* Reuter from Japan，Part Ⅰ（Heteroptera，Miridae，*Lygus*-complex）. Japanese Journal of Entomology，59（2）：444.

Lygocoris pabulinus：Schuh，1995. Plant bugs of the World（Insect：Heteroptera: Miridae) Systemetic Catalog, Distributions, Host List, and Bibliography. The New York Entomological Society: 801.

Lygocoris (*Lygocoris*) *pabulinus* (Linnaeus): Lu & Zheng, 1997c. Miridae. In: Yang X-K (ed.). Insects of the Three Gorges Reservoir Area of Yangtze River. Vol. Ⅰ: 285.

Lygocoris (*Lygocoris*) *pabulinus* (Linnaeus): Kerzhner & Josifov, 1999. Catalogue of the Heteroptera of the Palaearctic Region. Volume 3, Cimicomorpha Ⅱ, Miridae. The Netherlands Entomological Society: 111.

Lygocoris (*Lygocoris*) *pabulinus* (Linnaeus): Lu & Zheng, 2001. Review of Chinese species of *Lygocoris* (subg. *Lygocoris*) Reuter (Heteroptera: Miridae: Mirinae). Acta Zootaxonomica Sinica, 26 (2): 141.

体长形；背面浅绿色（干标本淡黄褐色），一色，无深色斑；具黄褐色毛。

头略带黄色；雄虫头顶宽为头宽的 0.34 ~ 0.37 倍，雌虫为 0.4 ~ 0.44 倍；头顶后缘嵴中段消失，两侧亦不甚明显；唇基多少前突。触角第Ⅰ、第Ⅱ节黄褐，第Ⅱ节端部 1/3 ~ 2/3 深褐；第Ⅲ、第Ⅳ节深褐；有时第Ⅰ节略带绿色。

前胸背板浅绿，胝前有时带黄色；刻点细密，具黄褐色毛。小盾片具横皱。半鞘翅刻点细密且浅，楔片长约为基部宽的 2 倍；膜片灰褐色，翅脉浅绿色。足黄褐，无斑；胫节刺浅黄褐。跗节几全为深色。体下黄褐色。

左阳基侧突发达扩展，端突回扭。右阳基侧突感觉叶极发达，向端部膨大，强烈突出；端突短，爪状，弯曲。阳茎鞘具钩状片状突。阳茎端针突基部粗且扭曲，端部 1/3 较突然变细，渐尖，缓弯；其余构造如图 35d ~ e。

量度（mm）：体长 5.25 ~ 7.41，体宽 1.9 ~ 2.58。头长 0.27 ~ 0.37，头宽 0.96 ~ 1.06。头顶宽（♂）0.36，（♀）0.43。触角各节长（0.54 ~ 0.68）：（1.5 ~ 1.95）：（1.02 ~ 1.44）：（0.72 ~ 0.98）。前胸背板长 0.85 ~ 1.2，后缘宽 1.65 ~ 2.2。革片长 2.84 ~ 3.5，楔片长 0.91 ~ 1.19。

据 Kullenberg（1944），此种的欧洲的产卵寄主包括蔷薇科、虎耳草科、荨麻科、茄科、凤仙花科、柳叶菜科、菊科、旋花科、忍冬科、杜鹃花科、唇形科植物；取食寄主则更多。我国的情况不明。

本种头顶后缘嵴中段消失，全体绿色，无深色斑纹，跗节几全为深色，可与亚属内其他种相区别。

观察标本：2♂♂4♀♀，呼伦贝尔市鄂温克族自治旗维纳河，1980.Ⅶ.20；2♂♂1♀，兴安盟阿尔山市伊尔施镇，1990.Ⅷ.7；7♂♂3♀♀，兴安盟阿尔山市，1990.Ⅷ.8；1♂1♀，包头市九峰山，1987.Ⅶ.27。

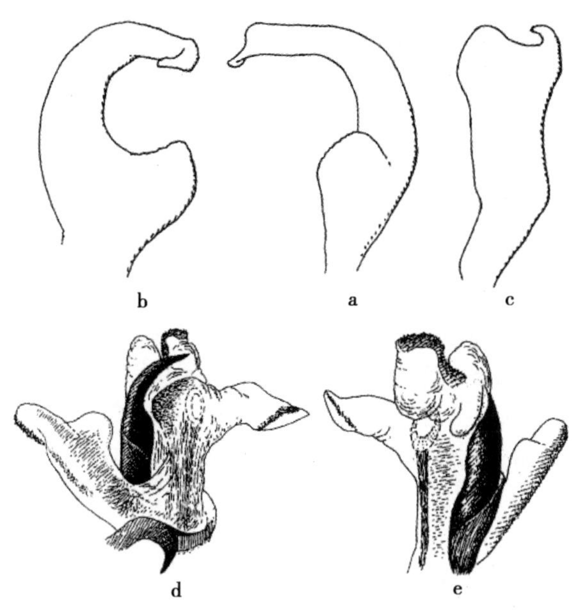

a－b. 左阳基侧突（left paramere）；c. 右阳基侧突（right paramere）；d－e. 阳茎端（vesica）

图 35　原丽盲蝽 *Lygocoris pabulinus*（Linneaus）（仿郑乐怡，2004 图）

图 36　原丽盲蝽 *Lygocoris pabulinus*（Linneaus）

分布：内蒙古包头市（九峰山）、呼伦贝尔市（牙克石市免渡河镇、鄂温克族自治旗维纳河林场、鄂温克族自治旗锡尼河东苏木、鄂伦春族自治旗阿里河镇）、兴安盟（阿尔山市、伊尔施镇），河北，黑龙江，福建，湖北，四川，云南，西藏，陕西，甘肃，中国台湾。国外：蒙古国，安道尔，奥地利，比利时，保加利亚，白俄罗斯，克罗地亚，捷克，丹麦，爱沙尼亚，芬兰，法国，英国，德国，匈牙利，爱尔兰，意大利，拉脱维亚，列支敦士登，立陶宛，卢森堡，马其顿，摩尔达维亚，荷兰，挪威，波兰，葡萄牙，罗马尼亚，俄罗斯，斯洛伐克，斯洛文尼亚，西班牙，瑞典，瑞士，乌克兰，南斯拉夫，阿塞拜疆，格鲁吉亚，日本，朝鲜，北美。

6. 红盾丽盲蝽（图 37、图 38）*Lygocoris rufiscutellatus* Lu *et* Zheng，2001

Lygocoris（*Lygocoris*）*rufiscutellatus* Lu et Zheng，2001. Review of Chinese species of *Lygocoris*（subg. *Lygocoris*）Reuter（Heteroptera：Miridae：Mirinae）. Acta Zootaxonomica Sinica，26（2）：143 – 144.

体长椭圆形；背面浅黄褐色，无深色斑；具黄褐色毛。

头微前倾，略深于体色，略具光泽；雌虫头顶宽为头宽的 0.47 倍；头顶后缘嵴完整，无中纵沟；唇基同体色。触角第Ⅰ、第Ⅱ节黄褐，第Ⅱ节端部深褐；第Ⅲ、第Ⅳ节除第Ⅲ节基部黄褐外，均为黑色。喙略伸过后足基节。

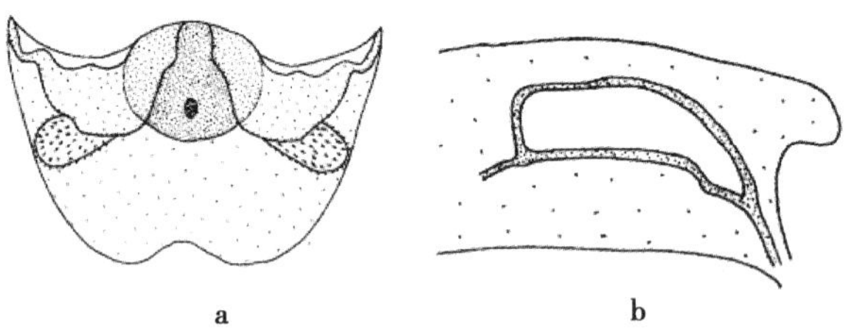

a. 交配囊后壁（posterior wall of bursa copulatrix）；b. 骨化环（ring sclerite）

图 37　红盾丽盲蝽 *Lygocoris rufiscutellatus* Lu *et* Zheng（仿郑乐怡，2004 图）

图 38　红盾丽盲蝽 *Lygocoris rufiscutellatus* Lu *et* Zheng

前胸背板及半鞘翅为均一的浅黄褐色；前胸背板盘域表面点皱状刻点密，较深，或胝后区域刻点较深而向后渐浅。中胸盾片黄。小盾片红褐色，有时中央有一浅黄褐色的纵线。半鞘翅半透明，刻点密，明显；楔片长约为基部宽的2倍。膜片淡烟褐色，大室内亚端部及小室外各有一鲜明的深褐色的斑。体下浅黄褐色。足浅黄褐；后足股节端部近1/2为红色，亚端部有2个深褐色的环，内侧一环较宽，宽于该处股节直径；胫节刺黄褐。

雌虫骨化环长形，不甚规则，两后角均伸出一短的骨化杆。交配囊后壁侧叶大，窄长；支间叶发达，长形；背结构大，圆形，两侧为侧叶所遮盖；中突小，椭圆形。

量度（mm）：体长5.67～5.95，体宽2.31～2.45。头长0.31～0.44，头宽1.0～1.02。头顶宽（♀）0.5。触角各节长（0.54～0.58）：（1.9～1.94）：（1.04～1.16）：（0.61～0.78）。前胸背板长1.07～1.22，后缘宽1.77～1.90。革片长2.65～2.82，楔片长1.02。

本种体色较浅，小盾片红褐色，后足股节端半红色，较易与其他种区分。

分布：甘肃。

7. 皱胸丽盲蝽（图39、图40）*Lygocoris rugosicollis*（Reuter，1906）

Lygus rugosicollis：Reuter，1906a. Capsidae in prov. Sz' tschwan Chinae a DD. G. Potanin et M. Beresowski collectae. Ofversigt af Finska Vetenkapsocietetens Forhandingar，49（5）：28.

Lygus rugosicollis：Hsiao，1942. A list of Chinese Miridae（Hemiptera）with keys to subfamilies，tibes，genera and species. Iowa State College Journal of Science，165（2）：263.

Lygus rugosicollis：Carvalho，1959a. A catalogue of the Miridae of the world. Part Ⅳ. Arq. Mus. Nac.，Rio de Janeiro 48：112.

Lygocoris（*Lygocoris*）*rugosicollis*（Reuter）：Kerzhner，1972a. New and little known Heteroptera from the Far East of the USSR. Trudy Zool. Inst. Akad. Nauk SSSR 52：285.

Lygocoris rugosicollis（Reuter）：Schuh，1995. Plant bugs of the World（Insect：Heteroptera：Miridae）Systemetic Catalog，Distributions，Host List，and Bibliography. The New York Entomological Society：804.

Lygocoris（*Lygocoris*）*rugosicollis*（Reuter）：Zheng，1995. A list of the Miridae（Heteroptera）recorded from China since J. C. M. Carvalho's "World Catalogue". Proceedings of Entomological Society of Washington, 97 (2): 464.

Lygocoris rugosicollis (Reuter): Kerzhner et al, 1997. Holotypes and lectotypes of Palaearctic Miridae in the collection of the Zoological Institute, St. Petersburg (Heteroptera). Zoosystematica Rossica, 6 (1/2): 134.

Lygocoris (*Lygocoris*) *rugosicollis* (Reuter): Kerzhner & Josifov, 1999. Catalogue of the Heteroptera of the Palaearctic Region. Volume 3, Cimicomorpha Ⅱ, Miridae. The Netherlands Entomological Society: 112.

体较狭长，两侧近平行；背面绿至黄褐色，无深色斑。

头略前伸，黄褐色，略具光泽；雄头顶宽为头宽的0.39倍，雌虫为0.44倍；头顶后缘嵴完整，中纵沟较窄且深；唇基前突，与头一色。触角第Ⅰ、第Ⅱ节黄褐，第Ⅱ节端部1/4黑色；第Ⅲ、第Ⅳ节深褐。喙伸达中足基节末端至后足基节中部。

前胸背板绿至黄褐，胝及胝前区多为黄色；刻点细密；毛黄褐至黑褐色，较短；具横皱。领浅黄褐。小盾片黄褐，微隆起，具横皱。半鞘翅黄褐，略带绿色，刻点细密且浅；毛为黄褐色至黑褐色；楔片长约为基部宽的2.3倍。膜片烟褐色，大室端部外侧有一黑色的长形斑，翅脉暗红色，有时为黄褐色，略带红色；翅室端部外侧的膜片上具一深褐色的环状斑，斑中央色淡。

体腹面黄白至黄褐色。足绿至黄褐，无斑；胫节刺浅黄褐；跗节浅褐，第Ⅲ跗分节深褐色。

左阳基侧突感觉叶发达扩展。右阳基侧突狭长，感觉叶不膨大，端突狭长，末端呈钩状弯曲。阳茎鞘片状突见图39e；阳茎端针突长，较缓和地向端渐细，并弯曲；其余构造见图39f～h。

雌虫交配囊后壁见图39d。

量度（mm）：体长7.32～9.6，体宽2.47～3.18。头长0.51～0.75，头宽1.05～1.22。头顶宽（♂）0.33，（♀）0.48。触角各节长（0.81～1.08）：（2.48～3.15）：（1.31～1.85）：（1.18～1.67）。前胸背板长1.06～1.31，后缘宽1.94～2.57。革片长3.46～4.66，楔片长1.22～1.58。

本种具有狭长的体型、狭长的右阳基侧突和楔片及黑色的毛，体背仅半鞘翅前半部分具黑毛，其余部分的毛均为浅色；触角第Ⅳ节明显长于第Ⅰ节；翅脉为暗红色；翅室端部外侧的膜片上具一深褐色的环状斑，斑中央色淡，为本种的特点。

分布：甘肃，宁夏，陕西，湖北，四川。

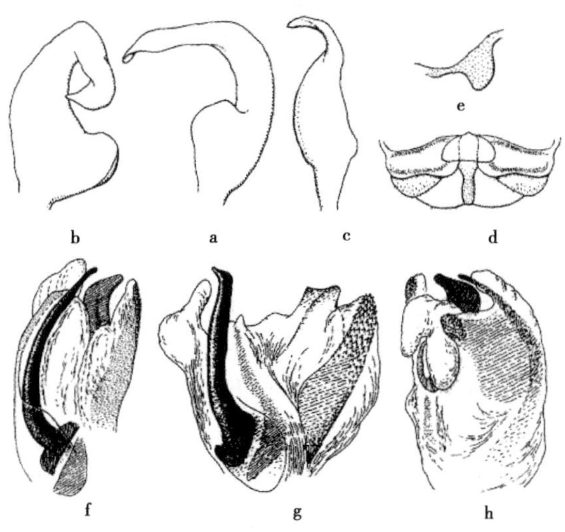

a－b. 左阳基侧突（left paramere）；c. 右阳基侧突（right paramere）；d. 交配囊后壁（posterior wall of bursa copulatrix）；e. 阳茎鞘片状突（tab of theca）；f－h. 阳茎端（vesica）

图 39 皱胸丽盲蝽 *Lygocoris rugosicollis*（Reuter）（仿郑乐怡，2004 图）

图 40 皱胸丽盲蝽 *Lygocoris rugosicollis*（Reuter）

模式种 Type species：*Lygus communis* Knight，1917

三、新丽盲蝽属 Neolygus Knight，1917

Neolygus Knight，1917. A revision of the genus *Lygus* as it occurs in America North of Mexico，with biological data on the species from New York. -Cornell University Agricultural Experimental Station，Bulletin 391：561（as subgenus of *Lygus*）. *Neolygus*：Kelton，1955a. Genera and subgenera of the *Lygus* complex（Hemiptera：Miridae）. -Canadian Entomologist 87：277－301.

Neolygus: Leston, 1957a. The British Lygocoris Reuter (Hem.: Miridae), including a new species. Entomologist 90: 132.

Neolygus: Carvalho, 1959a. A catalogue of the Miridae of the world. Part Ⅳ. Arq. Mus. Nac., Rio de Janeiro 48: 140.

Neolygus: Wagner & Weber, 1964a. Heteropteres Miridae. In: Faune de France 67: 199.

Neolygus: Wagner, 1970i. Die Miridae Hahn, 1831, des Mitelmeerraumes und der Makaronesischen Inseln (Hemiptera, Heteroptera). Teil. 1 Entomol. Abh. 399.

Neolygus: Kerzhner, 1972a. New and little known Heteroptera from the Far East of the USSR. Trudy Zool. Inst. Akad. Nauk SSSR 52: 285.

Neolygus: Yasunaga, 1991d. A revision of the plant bug, genus *Lygocoris* Reuter from Japan, Part Ⅱ (Heteroptera, Miridae, *Lygus*-complex). Jap. J. Entomol. 59: 593.

Neolygus: Yasunaga, 1991h. A revision of the plant bug, genus *Lygocoris* Reuter from Japan, Part Ⅰ (Heteroptera, Miridae, *Lygus*-complex). Jap. J. Entomol. 59: 437.

Neolygus: Yasunaga, 1992a. A revision of the plant bug genus *Lygocoris* Reuter from Japan, Part Ⅵ (Heteroptera, Miridae, *Lygus*-complex). Japanese J. Entomol. 60: 529.

属征：体长椭圆形，中等大小，体长3.5～7.1 mm；背面通常浅绿色，干制标本常褪色为黄褐色，略具光泽，被有黄褐色或金黄色半直立毛。

头垂直，具稀疏毛，头顶后缘具明显的嵴。触角相对长，第Ⅱ节通常长于前胸背板宽。喙长，伸达或伸过后足基节。前胸背板具不规则刻点，被半直立毛。中胸盾片外露部分及小盾片几乎构成等边三角形。小盾片多横皱。半鞘翅刻点浅，楔片相对长。足细长，胫节刺通常浅色，刺基常具深色点状斑。

雄性外生殖器：左抱器感觉叶基部通常不发达，端部通常突伸成突起状，端突端部常扁平。右抱器感觉叶宽，多数种类感觉叶端部明显突伸成突起状，突起的端部常尖。阳茎端针突发达，强烈骨化，直或弯；其右侧有一大形叶状骨片；后者的基部右前方常具一短小（有时亦可很长）而略为骨化的片状构造—挫叶（rasp），通常外表多少具短刺，挫状；针突内侧通常有一骨化的片状构造—中骨片（middle sclerite），一般具4个膜叶，其中一个常局部或全部具微刺；次生生殖孔后方的两个膜叶内侧部分骨化，略成箍状，完整或断开，称为箍骨片（loop）；导精管通常中部膨大，次生生殖孔宽大。

雌虫环骨片长肾脏形；交配囊后壁侧叶宽大，表面具微毛，内支叶宽大；背结构缺失；中突通常长水滴状。

本属全部已知种类均生活于阔叶树或灌木上，如桦木科、壳斗科、杨柳科、蔷薇科等。据 Kullenberg（1944），许多欧洲种类将卵产于阔叶树或灌木枝干的表皮下或形成层中越冬，常于新叶开始生长时孵化为若虫。已知生活史记录均为一化性（Kullenberg 1944，Yasunaga，1991）。一些种类具有趋光性。

新丽盲蝽属为全北界分布，以新北区及古北区东部种类最多。全世界已有记录70余种，我国蒙新区共记录新丽盲蝽属昆虫5种。

1. 中华新丽盲蝽（图41），新组合 *Neolygus chinensis*（Lu *et* Yasunaga，1994）comb. nov.

Lygocoris（*Neolygus*）*chinensis* Lu & Yasunaga，1994. Two new species of the subgenus *Neolygus* Knight of the genus *Lygocoris* Reuter from China（Heteroptera：Miridae）. – Bulletin of the Biogeographical Society of Japan 49：100－102.

Lygocoris（*Neolygus*）*chinensis*：Kerzhner & Josifov，1999. Catalogue of the Heteroptera of the Palaearctic Region. Volume 3，Cimicomorpha Ⅱ，Miridae. The Netherlands Entomological Society：113.

体椭圆形。黄绿色至黄褐色，毛密，黄褐色。

头垂直，黄褐至褐色；雄虫头顶宽约为头宽的0.28倍，雌虫为0.35倍；头顶中纵沟及后缘嵴明显。触角第Ⅰ、第Ⅱ节浅褐，第Ⅲ、第Ⅳ节褐色。喙伸过后足基节。

前胸背板黄褐色。小盾片黄褐色，具浅横皱。半鞘翅为均一的黄褐色；爪片内角有一很窄的深色边；楔片长约为基部宽的2倍；膜片烟褐色，半透明，有两个模糊的小暗色斑，分别位于大室的内外侧。体下浅褐色。足色略浅，第Ⅲ跗分节端部黑褐色；胫节刺浅褐，刺基具一深色小点斑。

左阳基侧突感觉叶端部具一圆形突起；端突相对较长。右阳基侧突端突细长；感觉叶短钝。阳茎端针突较缓和地弯曲；叶状骨片近三角形，近端部渐尖；锉叶端部及一侧具刺；中骨片发达；箍骨片明显；最左端膜叶近于三角形，表面密布微刺；导精管膨大，近方形；次生生殖孔宽阔。

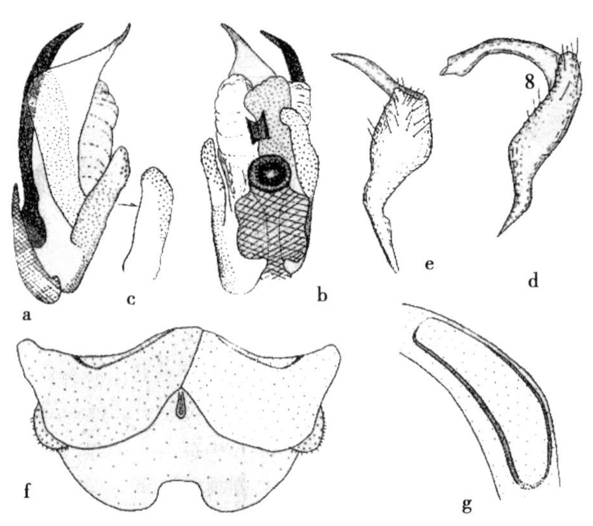

a－b. 阳茎端，不同方位（vesica，different aspects）；c. 锉叶（rasp）；d. 左阳基侧突（left paramere）；e. 右阳基侧突（right paramere）；f. 交配囊后壁（posterior wall of bursa copulatrix）；g. 环骨片（ring sclerite）

图41　中华新丽盲蝽 *Neolygus chinensis*（Lu *et* Yasunaga）（仿郑乐怡，2004 图）

雌虫环骨片长肾脏形；交配囊后壁的侧叶宽阔，交叠于中央；内支叶宽短，表面多刺；中突长水滴形，部分被侧叶遮盖。

量度（mm）：体长 4.60～5.30，体宽 1.90～2.30。头长 0.32～0.41，头宽 0.98～1.08，头顶宽（♂）0.33，（♀）0.38。触角各节长（0.61～0.65）：（2.07～2.18）：（1.08～1.17）：（0.63～0.68）。前胸背板长 0.72～0.77，后缘宽 1.38～1.44。革片长 2.40～2.60，楔片长 0.86～0.93。

观察标本：8♂♂17♀♀，锡林郭勒盟西乌珠穆沁旗阿拉腾郭勒苏木，2006.Ⅶ.24，宝爱萍采；2♂♂5♀♀，乌兰察布市察哈尔右翼后旗辉腾锡勒，2006.Ⅶ.11，宝爱萍采。

分布：内蒙古呼伦贝尔市（海拉尔、鄂伦春族自治旗阿里河镇）、锡林郭勒盟（西乌珠穆沁旗）、乌兰察布市（察哈尔右翼后旗、辉腾锡勒），黑龙江。

2. 污新丽盲蝽（图 42），新组合 *Neolygus contaminatus*（Fallén，1807）comb. nov.

Lygaeus contaminatus Fallén，1807. Monographia Cimicum Sveciae. Hafniae：76.

Lygocoris（*Apolygus*）*contaminatus*（Fallén）：Carvalho，1959a. A catalogue of the Miridae of the world. Part Ⅳ. Arq. Mus. Nac.，Rio de Janeiro 48：137.

Lygocoris（*Neolygus*）*contaminatus*（Fallén）：Kerzhner & Josifov，1999. Catalogue of the Heteroptera of the Palaearctic Region. Volume 3，Cimicomorpha Ⅱ，Miridae. The Netherlands Entomological Society：113.

体长椭圆形。浅绿色；毛黄褐色。

头略带黄色；雄虫头顶宽约为头宽的 0.24 倍，雌虫为 0.32 倍；头顶中纵沟及后缘嵴明显。触角第Ⅰ、第Ⅱ节浅褐，第Ⅱ节端部以及第Ⅲ、第Ⅳ节深褐色。喙浅褐色，仅末节端部黑褐，伸达后足基节。前胸背板黄绿色，胝及胝前区黄色，刻点细小，毛半直立。中胸盾片外露部分及小盾片略带黄色。半鞘翅黄绿色；爪片一色；有时革片端部内侧有一浅褐色小斑；楔片长约为基部宽的 1.4 倍；膜片灰褐色。足浅褐色，第Ⅲ跗分节端半部黑褐色；胫节刺浅褐，刺基具一深色小点斑。

左阳基侧突感觉叶端部具明显的突起。右阳基侧突体部直，端突与阳基侧突体部近垂直；感觉叶端部明显突出。阳茎端针突相对细长，从基部轻度弯曲；叶状骨片长；锉叶端部 1/3 具刺；中骨片发达；簏骨片明显；最右端膜叶宽大，表面密布微刺；导精管膨大，次生生殖孔相对小。

量度（mm）：体长 5.81～6.09，宽 2.03～2.24。头长 0.38～0.45，宽 1.08～1.10，头顶宽（♂）0.30，（♀）0.38。触角各节长（0.59～0.63）：（1.80～2.03）：（1.08～1.13）：（0.63～0.39）。前胸背板长 0.86～0.95，后缘宽 1.58～1.71。革片长 2.48～2.70，楔片长 1.04～1.08。

分布：新疆。国外：蒙古国，俄罗斯（东西伯利亚，西伯利亚，远东地区），高加索地区，阿尔及利亚，奥地利，比利时，保加利亚，白俄罗斯，捷克，丹麦，哈萨克斯坦（欧洲部分），爱沙尼亚，芬兰，法国，英国，德国，爱尔兰，意大利，拉脱维亚，立陶宛，卢森堡，荷兰，挪威，波兰，葡萄牙，罗马尼亚，斯洛伐克，斯洛文尼亚，西班牙，瑞典，瑞士，乌兹别克斯坦，北美。

据 Kullenberg（1944），此种在欧洲的产卵寄主为桦属植物（*Betula* spp.），取食寄主有欧鼠李（*Rhamnus frangula*）、桤木属一种（*Alnus incana*）、柳属一种（*Salix glauca*）、欧花楸（*Sorbus aucuparia*）、榆属一种（*Ulmus campestris*）、榛属一种（*Corylus* sp.）；Kelton（1971）报道取食寄主有：椴属一种（*Tilia cordata*）、栎属一种（*Quercus* sp.）和柳兰（*Epilobium angustifolium*）。

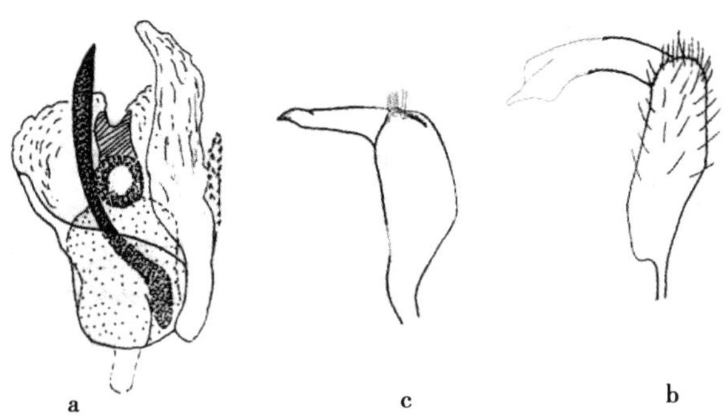

a. 阳茎端（vesica）；b. 左阳基侧突（left paramere）；c. 右阳基侧突（right paramere）

图 42　污新丽盲蝽 *Neolygus contaminatus*（Fallén）（仿郑乐怡，2004 图）

3. 修长新丽盲蝽，新组合 *Neolygus elongatulus*（Lu *et* Wang，1996）comb. nov.

Lygocoris（*Neolygus*）*elongatulus* Lu et Wang，1996：Two new species of the genus *Lygocoris* Reuter from Gansu Province，China（Heteroptera，Miridae）.-Acta Zootaxonomica Sinica 21：205，208.

Lygocoris（*Neolygus*）*elongatulus*：Kerzhner & Josifov，1999. Catalogue of the Heteroptera of the Palaearctic Region. Volume 3，Cimicomorpha Ⅱ，Miridae. The Netherlands Entomological Society：114.

体长形。浅绿色；密毛黄褐色。

头黄绿色；雄头顶宽为头宽的 0.26 倍，雌虫为 0.36 倍，中纵沟及后缘嵴明显；唇基端部 1/3 黑褐色。触角第Ⅰ节绿色，略带褐色，第Ⅱ节基部 2/3 黄褐，其余部分均为深褐色。喙伸达后足基节。

前胸背板绿色，胝色稍浅，盘域靠近后缘处浅褐色。小盾片绿色，多横皱。半鞘翅浅绿色；革片端部内部有一褐色斑；爪片内半褐色至黑褐色；雄虫楔片长约为基部宽的 2.4 倍，雌虫为 2.1 倍；膜片灰褐色，在大、小翅室内靠近外缘处、翅室外楔片端部后方及膜片近顶角处各有一不规则的深色小点斑。体下和足浅绿色，后足股节近端部具两个模糊的暗色环，有时不易分辨；第Ⅰ、第Ⅱ跗分节黄褐，第Ⅲ跗分节深褐；胫节刺褐色，刺基具一深色小点斑。

左阳基侧突感觉叶端部具明显的突起，阳基侧突体部略直，浅黑色。右阳基侧突体部粗壮，端突狭三角形，与阳基侧突体部近垂直，感觉叶端部略突出。阳茎端针突粗，近端部弯曲较急，且略扭曲；叶状骨片窄长，呈"S"形弯曲，端部尖细；锉叶端部略膨大，刺少，仅分布于近端部；中骨片发达，与箍骨片相连；最右端膜叶长筒形，浅褐色，表面密布微刺；导精管膨大，近长筒形；次生生殖孔宽阔。

雌虫环骨片长肾脏形；交配囊后壁的侧叶宽大，于中央交叠；内支叶宽短；中突水滴形，部分被侧叶遮盖。

量度（mm）：体长6.24～6.40，体宽2.15～2.40。头长0.25～0.30，头宽1.05～1.10。头顶宽（♂）0.25，（♀）0.36。触角各节长（0.59～0.61）：（2.04～2.16）：（1.02～1.10）：（0.66～0.70）。前胸背板长0.84～0.87，后缘宽1.62～1.75。革片长2.69～2.75，楔片长1.05～1.10。

分布：甘肃。

4. 宽顶新丽盲蝽，新组合 *Neolygus lativerticis*（Lu，1997）comb. nov.

Lygocoris（*Neolygus*）*lativerticis* Lu，in Lu & Zheng，1997c. Miridae. In：Yang X-K（ed.）.

Insects of the Three Gorges Reservoir Area of Yangtze River. Vol. Ⅰ：402，404.

Lygocoris（*Neolygus*）*lativerticis*：Kerzhner & Josifov，1999. Catalogue of the Heteroptera of the Palaearctic Region. Volume 3，Cimicomorpha Ⅱ，Miridae. The Netherlands Entomological Society：115.

体长椭圆形。绿至黄绿色，具光泽；被黄褐色毛。

头顶略带黄色，相对宽；雄头顶宽为头宽的0.34倍，雌虫为0.38倍；中纵沟及后缘嵴明显。唇基端部1/4～1/3深褐色。触角第Ⅰ节及第Ⅱ节基部3/5～5/6黄褐，其余部分深褐色。喙伸达（有时伸过）后足基节末端。

前胸背板暗绿色，胝、胝前区和领颜色略浅。小盾片浅绿色至浓绿色，具横皱。革片绿色，端部内侧有一黑褐色斑，雄虫斑稍大，雌虫斑较小，有时消失；爪片绿色；楔片约为基部宽的2.5倍。膜片浅灰至烟褐色，翅室内外各有一深色小点斑。体下及足黄绿色至绿色；后足股节近端部有两个模糊的褐色环，有时消失；胫节近端部及第Ⅰ、第Ⅱ跗分节黄褐色，第Ⅲ跗节黑褐色；胫节刺浅褐，刺基具一深色小点斑。

左阳基侧突感觉叶端部具明显的突起。右阳基侧突体部直且粗壮；端突狭三角形，与阳基侧突体部近垂直，感觉叶明显突出。阳茎端针突相对短，近于直；叶状骨片长，向端渐粗大，指向一侧，近端部具一膜质区域，末端狭尖；锉叶端部1/2具刺；中骨片发达，长片状；箍骨片明显；最右端膜叶近于三角形，表面密布微刺；导精管膨大，近长筒形。

雌虫环骨片长肾脏形；交配囊后壁的侧叶宽阔；内支叶宽短；中突水滴形，部分被侧叶遮盖。

量度（mm）：体长5.70~7.00，体宽2.10~2.60。头长0.25~0.36，头宽1.05~1.10，头顶宽（♂）0.35，（♀）0.40~0.43。触角各节长（0.46~0.59）：（1.96~2.14）：（0.92~1.08）：（0.78~0.87）。前胸背板长0.86~0.90，后缘宽1.85~1.98。革片长2.60~2.84，楔片长1.20~1.28。

分布：甘肃，四川，浙江。

5. 拟椴新丽盲蝽，新组合 *Neolygus tilianus*（Lu *et* Zheng，1996）comb. nov.

Lygocoris（*Neolygus*）*tilianus* Lu et Zheng，1996. New species of genus *Lygocoris* Reuter from China（Insecta：Heteroptera：Miridae）. Reichenbachia，31（24）：132.

Lygocoris（*Neolygus*）*tilianus*：Kerzhner & Josifov，1999. Catalogue of the Heteroptera of the Palaearctic Region. Volume 3，Cimicomorpha Ⅱ，Miridae. The Netherlands Entomological Society：117.

体长椭圆形，相对较小；黄绿至浅褐色，略具光泽；毛黄褐色。

头垂直，被毛稀短；雄头顶宽为头宽的0.30倍，雌虫为0.34倍；头顶中纵沟及后缘嵴明显。触角第Ⅰ、第Ⅱ节浅褐，第Ⅲ、第Ⅳ节褐色。喙伸过后足基节。

前胸背板黄褐，刻点细小，毛半直立。小盾片黄绿色，具横皱；前缘及中胸盾片外露部分黄色。半鞘翅黄绿色；楔片约为基部宽的1.2倍。膜片淡烟褐色。足浅褐色，第Ⅲ跗分节端部深褐色；胫节刺褐色，刺基部具一深色小点斑。

左阳基侧突感觉叶端部具明显的突起。右阳基侧突感觉叶端部具一长大的突起，该突起长于阳基侧突体部之宽。阳茎端针突相当长，于亚基部及亚端部突然弯曲；叶状骨片宽阔，末端狭尖；锉叶宽短，部 1/3 具刺；中骨片发达；箍骨片明显；最右端膜叶长筒形，表面密布微刺；导精管膨大，近长筒形。

雌虫环骨片长肾脏形，内角略尖；交配囊后壁的侧叶宽阔；内支叶粗短；中突水滴形，部分被侧叶遮盖。

量度（mm）：体长 4. 8 ~ 5. 4，体宽 1. 9 ~ 2. 3。头长 0. 38 ~ 0. 4，头宽 1. 0 ~ 1. 1。头顶宽（♂）0. 3，（♀）0. 42。触角各节长（0. 52 ~ 0. 59）：（1. 85 ~ 1. 9）：（1. 08 ~ 1. 13）：（0. 75 ~ 0. 8）。前胸背板长 0. 69 ~ 0. 73，后缘宽 1. 5 ~ 1. 9。革片长 2. 4 ~ 2. 58，楔片长 0. 99 ~ 1. 06。

与椴新丽盲蝽 *N. Tiliicola*（Kulik）近缘，但本种体背面无深色小点斑，唇基浅色，右阳基侧突感觉叶突起长，阳茎端针突较细长。

采自中华椴（*Tilia chinensis*）。

分布：宁夏。

模式种 Type species：*Phytocoris limbatus* Fallén，1829

四、后丽盲蝽属 Apolygus China，1941

Apolygus China，1941a. A new subgeneric name for *Lygus* Reuter 1875 nec Hahn 1833（Hemipt. -Heteropt. ）. -Proceedings of the Royal Entomological Society of London（B）10：60（as subgenus of *Lygus* Hahn；upgraded by Miyamoto，1987. Corrections of the scientific names for some mirids，and aquatic and semiaquatic bugs illustrated in Iconographia Insectorum Japonicorum Colore naturali edita，Volumen Ⅲ（Hokuryukan，Tokyo，1965），. -Rostria 38：582）.

Apolygus：Kelton，1955a. Genera and subgenera of the *Lygus* complex（Heteroptera：Miridae）. -Canadian Entomologist 87：277 – 301.

Apolygus：Carvalho，1959a. A catalogue of the Miridae of the world. Part Ⅳ. Arq. Mus. Nac.，Rio de Janeiro 48：136.

Apolygus：Wagner & Weber，1964a. Heteropteres Miridae. In：Faune de France 67：201.

Apolygus：Kerzhner，1972a. New and little known Heteroptera from the Far East of the USSR. Trudy Zool. Inst. Akad. Nauk SSSR 52：287.

Apolygus：Yasunaga，1991h. A revision of the plant bug，genus *Lygocoris* Reuter from Japan，Part Ⅰ（Heteroptera，Miridae，*Lygus*-complex）. Jap. J. Entomol. 59：438.

Apolygus：Yasunaga，1992a. A revision of the plant bug genus *Lygocoris* Reuter from Japan, Part Ⅵ (Heteroptera, Miridae, *Lygus*-complex). Japanese J. Entomol. 60: 531.

Apolygus: Yasunaga, 1992b. A revision of the plant bug genus *Lygocoris* Reuter from Japan, Part Ⅳ (Heteroptera, Miridae, *Lygus*-complex). Japanese J. Entomol. 60: 10.

Apolygus: Lu & Zheng, 1997a. Four new species of the genus *Apolygus* China from China (Insecta: Hemiptera: Miridae). -Acta Zootaxonomica Sinica. 22: 162.

属征：体椭圆形，通常较厚实；底色多为绿、黄绿、黄褐、褐、红褐或锈褐色，常具深色斑纹，具光泽，毛多为金黄色。头垂直，光泽明显；唇基与额间可见浅宽沟；上颚片短于下颚片，下颚片多数斜列，少数趋向横列；额—头顶区毛多短小而稀，半直立；头顶相对宽，中纵沟明显，二后臂之间区域较宽而下凹，沟侧区域多饱满光滑，有时有一小凹窝，少数种类具小网格状微刻区；后缘常微前拱，嵴明显，完整，嵴后常有一较为低平的区域，约与嵴等粗或更细。头前面观眼前部分一般短于眼长之半。侧面观眼下缘尚远离头的下缘，眼的上端常达头的上端，侧面观额向前隆出的程度常甚弱；小颊常伸达前胸，外咽片外观一般不可见。触角窝位于眼的下半，下缘远离眼的下端。触角常相对较短，第Ⅱ节短于前胸背板后缘宽。喙伸达后足基节。

前胸背板整体均匀拱隆，明显或较明显地前下倾，具光泽；侧缘侧面观圆钝，侧缘除两端外多直，后缘中段多直。领低陷，明显，细，约与头后缘嵴等粗或略粗于后者，多具弱光泽，具多数短小的淡色毛。胝较低至中度隆出，光滑少毛或无毛，向后伸达背板前侧角，二胝前半多相连或分离，胝前区与胝多愈合，前伸达领，少数种类则二者之间有一沟分开。盘域具明显刻点，多向后渐浅细，较密而均匀；毛较短小，半平伏至半直立。小盾片整体较平，拱隆不显，表面常具浅皱。

半鞘翅多具光泽，外缘多略拱弯；刻点较密，爪片刻点粗糙而革片刻点较浅，鲨鱼皮状；毛长度中等至明显较长，密或较密，几平伏、俯伏或半平伏。楔片宽短，长通常约为其基部宽的 1.5 倍；膜片常强烈向后倾斜。胫节刺多为黑色，强劲，常较长而显著，刺基深色小点斑有或无。

雄性外生殖器：载肛突左壁左面观成表面为弧圆的瓣状。左抱器呈半圆形弯曲，感觉叶发达；端突较宽，近端部常膨大，末端扁平；右抱器体直，感觉叶发达，有时近端部膨大，端突小，通常为钩状。阳茎端由 4 个膜叶和若干骨化附器组成，针突通常一枚，极细，有时缺失。骨化附器［骨化附器采用 Yasunaga（1991d）的命名系统］包括：右侧有一狭三角形的骨片，称为翼状骨片（wing-shaped sclerite），一侧多具齿；翼状骨片基部与一通常端部伸长的狭长骨片相接，此骨片称为腹骨片（ventral sclerite）；另一骨片较细长而向端渐尖，常位于左侧膜叶的末端，称为侧骨片（lateral sclerite）；侧骨片基部常有一具齿的骨片，称之为亚侧片（sublateral sclerite）；此外尚有一狭长骨片与右侧膜叶表面愈合，称为中骨片（median sclerite），中骨片通常骨化较弱或消失。

雌性外生殖器：环骨片肾脏形，向中间渐狭尖，骨化较弱。交配囊后壁侧叶于中央左右分离；背结构常为圆形；中突近圆形；支间叶狭小，为细小的管状，末端常圆钝，略膨大，表面具刺。

后丽盲蝽属全北区及东洋区分布。该属的种类寄主范围较广，有杨柳科、蔷薇科、榆科等木本植物，亦有蓼科、菊科、荨麻科等草本植物。全世界已记载 40 余种，我国已知 28 种，到目前为止我国蒙新区共记录后丽盲蝽属昆虫 7 种。

1. 绿后丽盲蝽（图 43、图 44）*Apolygus lucorum*（Meyer-Dür，1843）

Capsus lucorum Meyer-Dür，1843. Verzeichnis der in der Schweiz einheimischen Rhynchoten（Hemiptera Linn.）. Erstes Heft. Die Familie der Capsini：46.

Capsus declivis Scholtz，1847. Prodromus zu einer Rhynchoen-Fauna von Schlesien. – Übersicht der Arbeiten und Veränderungen der Schlesischen Gesellschaft für Vaterländische Kultur 1846：125（syn. Fiber，1861. Die europaischen Hemiptera. Halbf lugler（Rhynchota Heteroptera）. Gerold's Sohn，Wien：275）.

Lygus lucorum var. *maculatus* Reuter，1896c. Hemiptera Gymnocerata Europe. Hémiptères Gymnocérates d' Europe，du bassin de la Méditeranée et de l' Asie Russe. V：108.

Lygus（*Lygus*）*lucorum* f. *concolor* Stichel，1930. Illustrierte Bestimmungstabellen der Deutschen Wanzen（Hemiptera-Heteroptera）. Stichel，Berlin-Hermsdorf. 6/7：184（junior primary homonym of *Lygus concolor* Poppius，1914）.

Lygus lucorum(Meyer-Dür) : Hsiao, 1942a. A list of Chinese Miridae(Hemiptera) with keys to subfamilies, tribes, genera and species. Iowa St. Coll. J. Sci. 16: 265.

Lygus lucorum（Meyer-Dür）：Hsiao & Meng，1963a. The plant-bugs collected from cotton-fields in China (Hemiptera, Heteroptera, Miridae). Acta Zoologica Sinica 15: 444.

Lygocoris lucorum (Meyer-Dür): Schuh, 1995. Plant bugs of the World (Insect: Heteroptera: Miridae) Systemetic Catalog, Distributions, Host List, and Bibliography. The New York Entomological Society: 799.

Lygocoris (*Apolygus*) *lucorum* (Meyer-Dür): Carvalho, 1959a. A catalogue of the Miridae of the world. Part Ⅳ. Arq. Mus. Nac., Rio de Janeiro 48: 138.

Lygocoris (*Apolygus*) *lucorum* (Meyer-Dür): Zheng & Liu, 1992a. Forest insects from Hunan. Hemiptera: Miridae. In: Forest Insects of Hunan: 295.

Lygocoris (*Apolygus*) *lucorum* (Meyer-Dür): Yasunaga, 1992b. A revision of the plant bug genus *Lygocoris* Reuter from Japan, Part Ⅳ (Heteroptera, Miridae, *Lygus*-complex). Japanese J. Entomol. 60: 12.

Lygocoris(*Apolygus*) *lucorum*(Meyer-Dür): Lu & Zheng, 1997c. Miridae. In: Yang X-K(ed.). Insects of the Three Gorges Reservoir Area of Yangtze River. Vol. Ⅰ: 284.

Apolygus lucorum (Meyer-Dür): Kerzhner & Josifov, 1999. Catalogue of the Heteroptera of the Palaearctic Region. Volume 3, Cimicomorpha Ⅱ, Miridae. The Netherlands Entomological Society: 65.

体椭圆形。干标本淡绿色（生活时为鲜绿色），具光泽。

头垂直；唇基端部1/3～4/5黑色。额区毛略长；头顶光滑，相对略宽，两性差距不大，头顶与复眼的宽度比约为1.1∶1，中纵沟区较宽，沟两侧区域后部有一浅小陷窝，无微刻，毛较疏小；后缘嵴完整。头前面观眼前部分明显长于触角窝基缘至眼下缘距离。触角第Ⅰ节较细，伸过头端，一色同体色，毛短；第Ⅱ节一色同体色，或大部渐成很淡的黄褐或绿褐色，少数在末端加深，近成褐色，毛短而不甚整齐；最后二节黑色。喙伸达后足基节。

前胸背板领较细，具淡色后倾的半直立毛，雄者较长。胝光滑而低，周缘不明显；二胝前半相连，内缘后半向内延突。盘域后缘中段几直；刻点较密，深度中等，毛较短。

小盾片一色，少数个体末端色深；具浅横皱，毛向两侧渐长。半鞘翅绿、黄绿或淡黄褐；缘片侧缘微拱，侧面观同色；革片端部内角常具不大的黑斑，包括楔片内角或内半、楔片端缘上段并常向内侵入翅室、以及“小膜片”均为黑色，雄有时爪片后半近内缘处常具隐约纵走黑纹，革片跨 Cu 脉常成黑纹状，沿中裂内侧常具隐约黑斑纹；雌虫则多无这些深色斑纹，或不显。半鞘翅刻点密而均匀，较明显，鲨鱼皮状；毛较长密均匀整齐。楔片末端不成黑褐色，少数个体略微加深；具毛，稀于革片。膜片烟灰色，具此类盲蝽的典型色斑。

足淡绿或淡黄绿，各足股节背缘有时具一灰褐色纵带，腹缘有时也有；后足股节亚端部有二棕色环，有时隐约；胫节刺粗大，长，一般长于胫节直径，至少与直径等长，刺基无小黑点斑。体下一色，淡于背面，雄有时腹部侧缘附近具一隐约的黑纵纹。

雄生殖囊开口左侧在左阳基侧突着生处前方有一略成三角形而末端不甚尖锐的小突起。载肛突左壁淡黄绿色，一色光滑，扩张成下俯的片状，后端宽圆。左阳基侧突杆部相对较短，端突较粗大，略成鹅头状，顶端中央成扁片状伸出。阳茎端缺针突，翼状骨片发达，长三角形，腹骨片片状，位于翼状骨片腹方，基部与之合生，其端缘（或前缘）成骨化嵴状，外观成色深的细条状，露出于翼状骨片前方，并与其端缘平行；侧骨片尖角状，较简单；亚侧骨片不显。导精管亚端部壶状膨大。

交配囊后壁与 *spinolae* 相似，但支间叶端部略膨大，中突圆形；环骨片的形状亦各异。

本种外形和外生殖器都与 *spinolae* 非常相似，容易混淆；亦同为此亚科盲蝽中的常见种类，均具有多危害作物的记载。二种的区别在于：后者楔片最末端黑色，交配囊后壁中突梨形，支间叶端部不膨大，且二者的阳茎端翼骨片和环骨片之形状也不尽相同；此外，*lucorum* 爪片与革片在深色个体中常染有一些隐约的深色斑，膜片色亦较深。

量度（mm）：体长 4.4 ~ 5.4，体宽 2.1 ~ 2.5。头长 0.3 ~ 0.4，头宽 1.03 ~ 1.1。头顶宽（♂）0.4 ~ 0.42，（♀）0.45 ~ 0.5。触角各节长（0.5 ~ 0.6）：（1.6 ~ 1.85）：（0.9 ~ 1.1）：（0.6 ~ 0.7）。前胸背板长 0.9，后缘宽 1.7 ~ 2.0。革片长 2.1 ~ 2.5，楔片长 1.05。

观察标本：3♂♂8♀♀，呼伦贝尔市扎兰屯市，1982. Ⅶ. 11；1♀，呼伦贝尔市新巴尔虎右旗乌兰诺尔湖泡，2007. Ⅶ. 23，吕秀华采；12♂♂21♀♀，呼伦贝尔市新巴尔虎左旗罕达盖林场，2007. Ⅶ. 29，李媛媛采；1♂1♀，兴安盟科尔沁右翼中旗，1987. Ⅶ. 3；7♂♂6♀♀，兴安盟科尔沁右翼中旗，1989. Ⅷ. 1；1♀，兴安盟科尔沁右翼中旗，1992. Ⅷ. 25；1♂1♀，兴安盟阿尔山市伊尔施镇，2007. Ⅷ.1，李媛媛采；1♀，通辽市科尔沁左翼后旗大青沟，1992. Ⅸ.4；7♂♂5♀♀，通辽市科尔沁左翼后旗大青沟，2005. Ⅶ.29，邱庆丰采；1♂3♀♀，通辽市奈曼旗，2005. Ⅷ.9，nars 采；1♂，赤峰市翁牛特旗，1986. Ⅶ.30；4♂♂6♀♀，赤峰市宁城县黑里河，1990. Ⅵ.15；3♂♂，赤峰市宁城县黑里河，1990. Ⅵ.20；11♂♂11♀♀，赤峰市喀喇沁旗旺业甸，1990. Ⅵ.23；2♂♂4♀♀，锡林郭勒盟东乌珠穆沁旗，1990. Ⅷ.10；3♂♂7♀♀，呼和浩特市和林格尔县南天门，2004. Ⅶ.5，石凯采；1♂5♀♀，呼和浩特市和林格尔县南天门，2006. Ⅷ.29，李媛媛采；1♂，呼和浩特市和林格尔县摩天岭，2004. Ⅶ.6，乌云高娃采；2♂♂1♀，鄂尔多斯市伊金霍洛旗成陵，2005. Ⅶ.8，邱庆丰采；1♂6♀♀,鄂尔多斯市鄂托克前旗敦达图，2006. Ⅶ.24，李媛媛采；1♀，鄂尔多斯市准格尔旗库克旗沙地，2006. Ⅷ.31，田庆采。

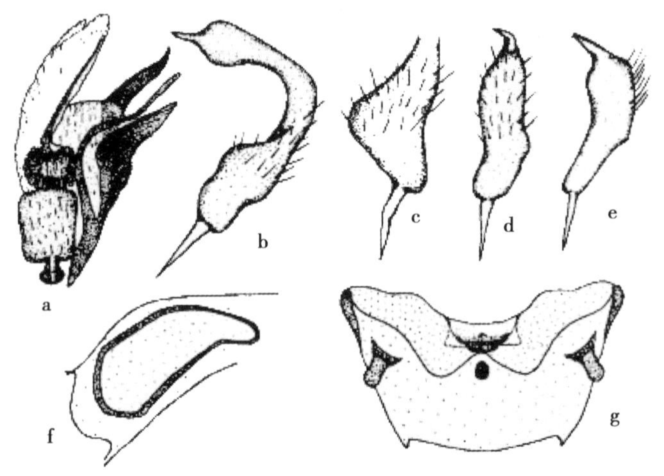

a. 阳茎端（vesica）；b－c. 左阳基侧突（left paramere）；d－e. 右阳基侧突（right paramere）；f. 环骨片（ring sclerite）；g. 交配囊后壁（posterior wall of bursa copulatrix）

图 43　绿后丽盲蝽 *Apolygus lucorum*（Meyer-Dür）（仿郑乐怡，2004 图）

分布：内蒙古呼和浩特市（和林格尔县）、呼伦贝尔市（扎兰屯市、新巴尔虎左旗、新巴尔虎右旗）、兴安盟（科尔沁右翼中旗、阿尔山市）、通辽市（科尔沁左翼后旗大青沟、奈曼旗）、赤峰市（翁牛特旗、宁城县、喀喇沁旗）、锡林郭勒盟（东乌珠穆沁旗）、鄂尔多斯市（伊金霍洛旗、鄂托克前旗、准格尔旗），河北，山西，吉林，黑龙江，福建，江西，河南，湖

图 44　绿后丽盲蝽 *Apolygus lucorum*（Meyer-Dür）

北，湖南，贵州，云南，陕西，甘肃，宁夏。国外：蒙古国（苏赫巴特尔省），安道尔，奥地利，比利时，白俄罗斯，克罗地亚，捷克，丹麦，哈萨克斯坦，芬兰，法国，英国，德国，匈牙利，爱尔兰，意大利，拉脱维亚，列支敦士登，立陶宛，马其顿，卢森堡，摩尔达维亚，荷兰，挪威，波兰，斯洛韦加，罗马尼亚，俄罗斯，斯洛文尼亚，西班牙，瑞典，瑞士，乌克兰，南斯拉夫。

寄主：苜蓿。

2. 中黑后丽盲蝽（图 45）*Apolygus medionigritus* Lu *et* Zheng，1997

Apolygus medionigritus Lu et Zheng，1997a. Four new species of the genus *Apolygus* China from China（Insecta：Heteroptera：Miridae）. Acta Zootaxonomica Sinica，22（2）：163.

Apolygus medionigritus Lu et Zheng：Kerzhner & Josifov，1999. Catalogue of the Heteroptera of the Palaearctic Region. Volume 3，Cimicomorpha Ⅱ，Miridae. The Netherlands Entomological Society：66.

体长椭圆形；黄褐与黑褐二色，具光泽。

头垂直，黄褐色至淡橙褐色，具光泽，毛稀疏。唇基端部 2/3 以上黑色，有时黑色部分两侧缘黄褐色；上唇基部黑色。雄头顶宽为头宽的 0.39 倍，雌为 0.42 倍；头顶中纵沟明显，沟两侧区域简单；后缘嵴均匀微前拱，嵴明显，嵴后的低平区甚细，不甚显著。头前面观眼前部分长约等于眼长之半，远长于眼下缘至触角窝上缘之间的距离；下颚片较宽，外缘宽圆地弧弯，基段几与体轴平行。侧面观头高：眼高 =6：3.5。触角第Ⅱ节黄褐，内侧有时略加深为褐色；第Ⅱ节基部褐色，向端渐加深为黑色；第Ⅲ、第Ⅳ节黑色。喙伸达后足基节。

前胸背板拱隆前倾程度较弱；黄褐色，后缘前方为褐至黑褐色，横带状，后缘极狭地淡色。领色略淡，略粗于头后缘嵴。胝近横列，略微隆起，后半有时渐略加深成淡橙褐色，二胝前半相连，但相连处与胝间区间可见沟痕，胝间区较狭。盘域刻点密而浅，呈点皱状；毛半直立。

小盾片深褐色，基角色略淡，或基角区域具一黄色大斑，此斑可向后延伸成淡黑褐色横纵纹，端角黄褐色；具浅横皱。前翅缘片黄褐色，外缘狭窄地深褐色；爪片黑色；革片黄褐色，内半黑褐色；爪片与革片刻点密；毛较短，密，几平伏或略俯伏。楔片黄褐色，内缘黑褐色，最端部褐色；长约为基部宽的 1.6 ~ 1.7 倍；膜片烟黑色。

体下黄褐色。足黄褐色，股节亚端部具 2 个红褐色的环；后足股节环的内侧近腹面常有若干黑褐色小点；胫节黄褐色，胫节端部褐色，基部外侧深褐，胫节刺黑色，刺基具一深褐色小点斑；跗节褐色，第Ⅲ跗分节黑色。

左、右阳基侧突均为典型 *Apolugus* 型。阳茎端针突较长，约为导精管长的 2 倍；腹骨片长且直，中央以后略扭曲；翼状骨片狭长形，直且短，约为腹骨片长的 1/2，边缘具较尖锐的齿；侧骨片细长，近端部略扭曲；亚侧骨片发达，具刺；中骨片较弱。

量度（mm）：体长 4.9 ~ 6.2，体宽 2.03 ~ 2.55。头长 0.31 ~ 0.37，头宽 1.09 ~ 1.2。头顶宽（♂）0.42，（♀）0.5。触角各节长（0.61 ~ 0.71）：（1.8 ~ 2.04）：（1.09 ~ 1.26）：（0.68 ~ 0.82）。前胸背板长 0.73 ~ 0.95，后缘宽 1.63 ~ 1.87。革片长 2.35 ~ 2.65，楔片长 0.85 ~ 0.99。

寄主为柳属植物（*Salix* spp.）。

图 45　中黑后丽盲蝽 *Apolygus medionigritus* Lu *et* Zheng

与 *A. Maackiae*（Kulik）相似，但体较大，楔片黄褐色，内侧缘黑褐色；革片无红褐色成分；雄性外生殖器明显不同，可以区别。

观察标本：1♂2♀♀，甘肃兰州榆中兴隆山，2007. Ⅷ. 28，李媛媛采。

分布：甘肃（兰州榆中兴隆山），宁夏，山西，四川。

3. 黑头后丽盲蝽（图46）*Apolygus nigritylus* Bao *et* Nonnaizab，2010

椭圆形，干标本淡黄褐色，具弱光泽。头垂直，唇基大部或全部黑色，其余同体色。头顶具一中纵沟，后缘脊完整。触角第Ⅰ节同体色，基部前方有隐约的黑色斑点，第Ⅱ节相对细长，向端部颜色逐渐加深，顶端黑色，第Ⅲ、第Ⅳ节细线形，黑色，明显细于第Ⅱ节。前胸背板领较细，稍粗于头后缘脊，低于盘域前段，盘域拱隆饱满，一色，少数个体基半部有一深色横带，具浅的横皱纹，毛同革片，中胸盾片有些个体外露。前翅革片淡黄褐，端部内角有不大的黑斑，包括楔片内角，膜片基内角均为黑色，楔片端部不成黑色，少数个体略加深，膜片烟灰色，缘片侧缘直。体下方黄绿或黄色。足淡黄褐色，后足腿节亚端部有一隐约的褐色环纹，胫节刺粗大，长于或等于胫节直径，刺基无小黑斑点。阳茎端翼骨片近圆形，不达腹骨片长的一半，腹骨片长形，位于翼状骨片腹方，基部与翼骨片合生，侧骨片较长，端部尖，亚侧骨片具刺状突起；左抱器感觉叶宽大，右抱器端突弯曲。

量度（mm）：体长4.75～4.85，体宽2.1～2.18。头长0.35，头宽0.9～1.0。头顶宽0.35～0.40。触角各节长（0.45～0.5）：（1.37～1.39）：(0.76：0.56)。前胸背板长0.9～1.0，后缘宽1.68～1.75。革片长2.25～2.3，楔片长0.9～0.93。

本新种与 *Apolygus lucorum* 相似，但体相对较小，革片端部内角黑斑显著。阳茎端翼骨片远小于后者，亚侧骨片具刺状突起等易相区别。

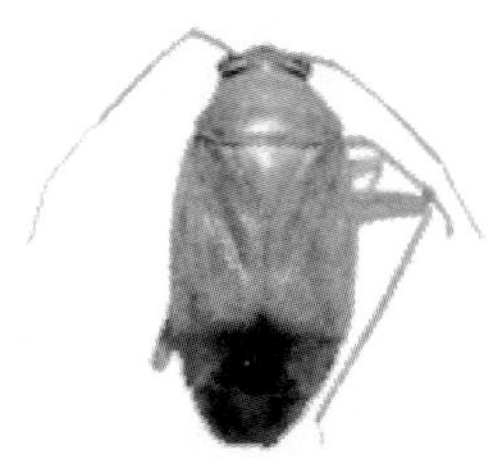

图46　黑头后丽盲蝽 *Apolygus nigritylus* Bao *et* Nonnaizab

观察标本：3♂♂，内蒙古兴安盟科尔沁右翼中旗，1989. Ⅶ. 23，能乃扎布采；6♂♂，内蒙古兴安盟科尔沁右翼中旗，1994. Ⅷ. 2，能乃扎布采；3♂♂1♀，通辽市奈曼旗，1987. Ⅵ. 26，能乃扎布采。

分布：内蒙古通辽市（奈曼旗），兴安盟（科尔沁右翼中旗）。

注：宝爱萍发现的此新种中名命名为“黑唇后丽盲蝽”，与动物志中的已有种类重名，在此特改为“黑头后丽盲蝽”。

4. 黑唇后丽盲蝽（图 47）*Apolygus nigronasutus*（Stål，1858）

Deraeocoris nigronasutus Stål，1858. Beitrag zur Hemipteren-Fauna Siberiens und des russischen NordAmerika. Stettiner entomologische zeitung，19：184.

Lygus nigronasutus(Stål) : Hsiao, 1942a. A list of Chinese Miridae(Hemiptera) with keys to subfamilies, tribes, genera and species. Iowa St. Coll. J. Sci. 16: 265.

Lygus nigronasutus（Stål）：Linnavuori，1961. Contributions to the Miridae fauna of the Far East. Annales Entomologici Fennici，27：160.

Lygocoris nigronasutus（Stål）：Schuh，1995. Plant bugs of the World（Insect：Heteroptera：Miridae）Systemetic Catalog，Distributions，Host List，and Bibliography. The New York Entomological Society：800.

Lygocoris（*Apolygus*）*nigronasutus*（Stål）：Carvalho，1959a. A catalogue of the Miridae of the world. Part Ⅳ. Arq. Mus. Nac.，Rio de Janeiro 48：139.

Apolygus nigronasutus（Stål）：Kerzhner，1988b. New and little-known heteropterous insects（Heteroptera）from the Far East of the USSR. Academy of Sciences of USSR，Far Eastern Center，Vladivostok：23.

Apolygus nigronasutus（Stål）：Kerzhner & Josifov，1999. Catalogue of the Heteroptera of the Palaearctic Region. Volume 3，Cimicomorpha Ⅱ，Miridae. The Netherlands Entomological Society：66.

椭圆形，黄绿或黄褐色，生活时应为鲜绿色；具光泽。

头垂直，唇基大部或全部黑色，其余同体色。额区光滑，无成对的横棱；头顶后缘嵴完整，细而较锐；颈部色同头部。触角第Ⅰ节淡色，一色无黑斑，明显伸过头端，毛黄褐；第Ⅱ节相对细长，向端微微渐加粗，由1/3处开始渐成黑褐色；第Ⅲ、第Ⅳ两节细线形，明显细于第Ⅱ节，黑褐色。喙伸达或略伸过中足基节。

前胸背板领较细，低于盘域前部，盘域中度拱隆饱满，一色，毛黄褐。小盾片一色淡色，无黑斑，具横皱，毛同革片；中胸盾片中央常有一暗色不大的斑，侧角几不加深。缘片外缘全长狭细地黑色，由背面可见。革片端缘处有2个不大的黑斑，其间为淡色的脉所分隔，黑斑向内可几伸达革片内缘，外端多止于端缘中央；爪片接合缘极狭细地深色；革片及爪片的毛黄褐色，较密，半平伏，前毛伸过后毛的基部。楔片末端具黑斑，不大，但明显。膜片基角及内缘基半黑褐，小室端半、大室后部1/3及沿内缘宽阔地烟黑褐色，室外的多为烟黑褐色，距离室后颇远的外缘处有一较大的淡斑。

足同体色；后足股节端段有2黑环，端半腹方有少数稀疏小黑点斑；胫节刺黑，明显，刺基或多或少具小黑点斑。第Ⅲ跗分节黑。

量度（mm）：体长5.2～6.6，体宽2.25～2.6。头长0.33，头宽1.17，头顶宽0.43。触角各节长0.7∶2.2∶0.94∶0.4。前胸背板长1.08，后缘宽2.0。革片长2.5，楔片长1.0。

观察标本：1♀，呼伦贝尔市鄂伦春自治旗阿里河，1980.Ⅶ.28；1♀，呼伦贝尔市布旗，1981.Ⅶ.15；1♂1♀，呼伦贝尔市布旗，1982.Ⅶ.12；1♀，兴安盟科尔沁右翼中旗，1983.Ⅷ.13；6♂♂，兴安盟科尔沁右翼中旗罕山，1989.Ⅶ.26；1♀，兴安盟科尔沁右翼中旗，1989.Ⅷ.1；4♂♂2♀♀，兴安盟科尔沁右翼中旗哈苏木，1989.Ⅷ.4；1♂1♀，兴安盟扎赉特旗，1983.Ⅷ.2；1♂1♀，兴安盟阿尔山市伊尔施镇紫河，1990.Ⅷ.10；1♂，兴安盟阿尔山市，2003.Ⅶ.28；3♂♂，兴安盟阿尔山市伊尔施镇，2007.Ⅷ.1，李媛媛采；1♂，锡林郭勒盟正蓝旗桑根达来镇，1978.Ⅷ.10；1♂1♀，鄂尔多斯市乌审旗嘎鲁图苏木，2006.Ⅶ.28，田庆采；10♂♂9♀♀，阿拉善盟阿拉善左旗贺兰山哈拉乌北沟，1984.Ⅶ.25；1♂，阿拉善盟阿拉善左旗贺兰山哈拉乌北沟，1994.Ⅵ.28；4♂♂6♀♀，阿拉善盟阿拉善左旗贺兰山，1996.Ⅷ.11，张志军采；2♂♂，阿拉善盟阿拉善左旗贺兰山，2002.Ⅶ.4，李俊兰采；5♂♂8♀♀，阿拉善盟阿拉善左旗贺兰山哈拉乌北沟，2006.Ⅶ.21，王俊清采；7♂♂43♀♀，甘肃兰州榆中兴隆山，2007.Ⅷ.28，李媛媛采；1♂，宁夏六盘山，2002.Ⅷ.4，白小栓采。

图47　黑唇后丽盲蝽 *Apolygus nigronasutus*（Stål）

分布：内蒙古呼伦贝尔市（鄂伦春自治旗、扎兰屯市）、兴安盟（科尔沁右翼中旗、扎赉特旗、阿尔山市）、锡林郭勒盟（正蓝旗）、鄂尔多斯市（乌审旗）、阿拉善盟（阿拉善左旗贺兰山），甘肃（兰州榆中兴隆山），宁夏（六盘山），陕西，四川。国外：俄罗斯（东西伯利亚、西伯利亚），蒙古国。

注：《内蒙古昆虫》中记录的 *Lygocoris rhamnicola* Reuter，通过对该标本的外部形态和雄性外生殖器解剖观察，研究后认为原记载的 *Lygocoris rhamnicola* Reuter 1885 实为 *Apolygus nigronasutus*（Stål，1858）。

5. 黑脉后丽盲蝽（图 48）*Apolygus nigrovirens*（Kerzhner，1988）

Lygocoris（*Apolygus*）*nigrovirens* Kerzhner，1988a（March）. Family Miridae. -In：Keys to the insects of the Far East of the USSR（P. A. Lehr，ed.）2：805；1988b（April）. New and little-known heteropterous insects（Heteroptera）from the Far East of the USSR（1987）：21.

Lygocoris（*Apolygus*）*nigrovirens*：Yasunaga，1992b. A revision of the plant bug genus *Lygocoris* Reuter from Japan，Part Ⅳ（Heteroptera，Miridae，*Lygus*-complex）. Japanese J. Entomol. 60：15.

Lygocoris（*Apolygus*）*nigrovirens*：Ogawa & Yasunaga，1996. Taxonomy of *Lygocoris*（*Apolygus*）*lucorum* and its allies of Japan and the Russian Far East（Heteroptera，Miridae）. -Rostria 45：51 – 56.

观察标本：1 ♂，呼伦贝尔市新巴尔虎左旗甘珠尔苏木，1980. Ⅶ. 5；3 ♂♂，呼伦贝尔市布旗，1981. Ⅶ. 12；2 ♂♂3 ♀♀，呼伦贝尔市新巴尔虎右旗，1982. Ⅶ. 14；1 ♂，呼伦贝尔市免渡河，1999. Ⅶ. 17，白海燕采；2 ♂♂2 ♀♀，呼伦贝尔市新巴尔虎左旗罕达盖林场，2007. Ⅶ. 29，李媛媛采；6 ♂♂，兴安盟科尔沁右翼中旗罕山，1989. Ⅶ. 25；4 ♂♂3 ♀♀，兴安盟科尔沁右翼中旗罕山，1989. Ⅶ. 26；4 ♂♂，兴安盟科尔沁右翼中旗哈苏木，1989. Ⅷ. 4；6 ♂♂8 ♀♀，兴安盟科尔沁右翼前旗绿水，2006. Ⅷ. 10，通嘎拉、佟灵芝采；12 ♂♂7 ♀♀，兴安盟阿尔山市，2003. Ⅶ. 26，白小栓、石凯采；2 ♂♂1 ♀，兴安盟阿尔山市伊尔施镇，2007. Ⅷ. 1，李媛媛采；1 ♂ 1 ♀，通辽市扎鲁特旗哲北，2004. Ⅶ. 30，张志伟采；1 ♂，通辽市科尔沁左翼后旗大青沟，2005. Ⅶ. 29，崔鸽采；1 ♂，通辽市奈曼旗，2005. Ⅷ. 9，nars 采；1 ♀，赤峰市巴林右旗罕山，1988. Ⅷ. 19；3 ♂♂6 ♀♀，赤峰市阿鲁科尔沁旗，1990. Ⅵ. 15；3 ♂♂6 ♀♀，赤峰市阿鲁科尔沁旗，1998. Ⅷ. 5，吴志毅采；1 ♀，赤峰市阿鲁科尔沁旗，2002. Ⅶ. 30，能乃扎布采；1 ♀，锡林郭勒盟正镶白旗，1987. Ⅶ. 30；1 ♂，锡林郭勒盟正蓝旗，1987. Ⅷ. 8；2 ♂♂，锡林郭勒盟太仆寺旗，1987. Ⅷ. 14；2 ♀♀，呼和浩特市和林格尔县南天门，2000. Ⅸ. 9，吴志毅采；1 ♀，呼和浩特市和林格尔县南天门，2004. Ⅶ.7，石凯采；6♂♂17♀♀，呼和浩特市和林格尔县南天门，2006. Ⅷ.29，李媛媛采；1♂，鄂尔多斯市鄂托克前旗敦达图，2006. Ⅶ.24，田庆采；2♂♂5♀♀，鄂尔多斯市乌审旗达尔察克镇，2006. Ⅶ.28，李媛媛、王俊清、田庆采；4♂♂2♀♀，鄂尔多斯市乌审旗嘎鲁图苏木，2006. Ⅶ.28，王俊清、田庆采；1♂3♀♀，阿拉善盟阿拉善左旗贺兰山哈拉乌北沟，1984. Ⅶ.25；14♂♂10♀♀，阿拉善盟阿拉善左旗贺兰山，1991. Ⅶ.29；5♂♂18♀♀，阿拉善盟阿拉善左旗贺兰山，1991. Ⅶ.30；1♂1♀，阿拉善盟阿拉善左旗贺兰山，1994. Ⅵ.28；4♂♂5♀♀，阿拉善盟阿拉善左旗贺兰山，1996. Ⅷ.8，张志军采；2♂♂11♀♀，阿拉善盟阿拉善左旗贺兰山，1996. Ⅷ.11，张志军采；2♂♂3♀♀，阿拉善盟阿拉善左旗贺兰山，2002. Ⅶ.4，吕秀华采；1♂，阿拉善盟阿拉善左旗贺兰山哈拉乌北沟，2005. Ⅶ.9，乌云高娃采；6♂♂6♀♀，阿拉善盟阿拉善左旗贺兰山南寺，2005. Ⅶ.11，宝爱萍采；3♂♂1♀，宁夏六盘山，2002. Ⅷ.4，白小栓采。

分布：内蒙古呼和浩特市（和林格尔县南天门）、呼伦贝尔市（新巴尔虎左旗、扎兰屯市、新巴尔虎右旗、鄂温克族自治旗）、兴安盟（科尔沁右翼中旗、科尔沁右翼前旗、阿尔山市）、通辽市（扎鲁特旗、科尔沁左翼后旗大青沟、奈曼旗）、赤峰市（巴林右旗、阿鲁科尔沁旗、克什克腾旗）、锡林郭勒盟（正镶白旗、正蓝旗、太仆寺旗）、鄂尔多斯市（鄂托克前旗、乌审旗）、阿拉善盟（阿拉善左旗贺兰山），宁夏（六盘山）。国外：日本，俄罗斯（远东地区）。

图48　黑脉后丽盲蝽 *Apolygus nigrovirens*（Kerzhner）

6. 斯氏后丽盲蝽（图49、图50）*Apolygus spinolae*（Meyer-Dür，1841）

Capsus spinolae Meyer-Dür，1841. Identität und Separation einiger Rhynchoten. -Stettiner Entomologische Zeitung 2：86.

Capsus humuli（non Scholtz，1847）：Stambach，1876. Title? -Allgemeine

Brauer-und Hopfenzeitung 16：31. Misidentification （see Reiber & Puton, 1880. Catalogue des Hémiptères-Homoptères （Cicadines et Psyllides） de l'Alsace et de la Lorraine， et Supplément au Catalogue des Hémiptères-Homoptères. -Bulletin de la Société d' Histoire Naturelle de Colmar 20 – 21：79）.

Lygus spinolae(Meyer-Dür) : Hsiao, 1942a. A list of Chinese Miridae(Hemiptera) with keys to subfamilies, tribes, genera and species. Iowa St. Coll. J. Sci. 16: 265.

Lygocoris spinolae （Meyer-Dür）：Schuh，1995. Plant bugs of the World （Insect：Heteroptera：Miridae） Systemetic Catalog，Distributions，Host List，and Bibliography. The New York Entomological Society：804.

Lygocoris （*Apolygus*） *spinolae* （Meyer-Dür）：Carvalho，1959a. A catalogue of the Miridae of the world. Part Ⅳ. Arq. Mus. Nac.，Rio de Janeiro 48：139.

Lygocoris （*Apolygus*） *spinolae* （Meyer-Dür）：Yasunaga，1992b. A revision of the plant bug genus *Lygocoris* Reuter from Japan，Part Ⅳ （Heteroptera，Miridae，*Lygus*-complex）. Japanese J. Entomol. 60：11.

Apolygus spinolae （Meyer-Dür）：Kerzhner & Josifov，1999. Catalogue of the Heteroptera of the Palaearctic Region. Volume 3，Cimicomorpha Ⅱ，Miridae. The Netherlands Entomological Society：67.

体椭圆形，单一绿色，干标本淡黄褐色，有光泽。

头垂直；同体色，唇基端部 1/6 ~ 1/5 黑色，上唇淡色；额区隐约可见若干成对的平行淡色横纹；头顶与复眼的宽度比为 1. 1 ∶ 1；中纵沟两侧区域简单；后缘嵴微前拱，细，后半低平区范围小。头前面观眼前部分长约等于眼长之半，明显长于眼下缘至触角窝上端之间的距离；下颚片宽弧弯，整体斜行。侧面观头高∶眼高约等于 3 ∶ 2。触角黄绿色，第Ⅱ节端部和第Ⅲ、Ⅳ节黑褐色，第Ⅲ节基部一窄环黄绿色，端部黑褐色；第Ⅱ节的长度与前胸背板基部的宽度之比为 1 ∶ 1. 1。喙伸达后足基节末端。

前胸背板拱隆与前倾程度中等；一色；侧缘（前端除外）直，后缘中段直。领略粗于头顶后缘嵴。胝略隆出，二胝前半相连，并与胝前区连成一体。盘域刻点清楚，密度中等；毛短，半平状。

小盾片一色，具横皱。爪片与革片一色，刻点密，清楚；毛长度中等，密，半平伏。楔片最末端深色，淡黑褐至黑褐色。膜片透明、色浅，散布少量淡褐色斑，基内角暗褐色。体下黄绿或黄色。足黄绿色，后足股节端部有两个褐色环；胫节刺黑色，刺基部无深色小点斑。

左阳基侧突感觉叶较发达，约成三角形。右阳基侧突端部弯曲。阳茎端针突缺；翼骨片宽大，三角形；腹骨片细而中段大弯状，与 *A. lucorum* 极似，但腹骨片端段更长。

交配囊后壁支间叶细而直；背结构较小，半圆形；中突梨形。

量度（mm）：体长 4.2 ~6.0，体宽 2.05 ~2.9。头长 0.38 ~0.45，头宽 1.05 ~1.2。头顶宽（♂）0.38 ~0.4，（♀）0.4 ~0.47。触角各节长（0.5 ~0.62）：（1.5 ~1.85）：（1.0 ~1.25）：（0.6 ~0.8）。前胸背板长 0.98，后缘宽 1.65 ~2.2。革片长 1.75 ~2.5，楔片长 1.05。

观察标本：1♂6♀♀，呼伦贝尔市维纳河，1980. Ⅶ. 20；1♂1♀，呼伦贝尔市鄂伦春自治旗阿里河，1980. Ⅶ. 29；2♀♀，呼伦贝尔市扎兰屯市，1981. Ⅶ. 9；6♂♂2♀♀，呼伦贝尔市根河市满归镇，1985. Ⅷ. 3；1♂，呼伦贝尔市免渡河，1999. Ⅶ. 18，白海燕采；3♂♂，呼伦贝尔市免渡河，1999. Ⅶ. 26，吴志毅采；1♂3♀♀，呼伦贝尔市陈巴尔虎旗，1999. Ⅶ. 31，唐贵明采；1♂3♀♀，呼伦贝尔市新巴尔虎左旗罕达盖林场，2007. Ⅶ. 28，李媛媛采；1♀，兴安盟扎赉特旗，1983. Ⅶ. 11；1♂，兴安盟扎赉特旗，1984. Ⅶ. 17；1♀，兴安盟乌兰浩特市，1988. Ⅶ. 4；4♂♂3♀♀，兴安盟科尔沁右翼中旗，1987. Ⅶ. 6；1♂5♀♀，兴安盟科尔沁右翼中旗，1989. Ⅶ. 30；2♂♂2♀♀，兴安盟科尔沁右翼中旗巴彦胡舒，1990. Ⅷ. 20；1♀，兴安盟科尔沁右翼中旗，1994. Ⅷ. 16；1♀，兴安盟科尔沁右翼中旗吐列毛都镇，2005. Ⅷ. 16，nars 采；6♂♂10♀♀，兴安盟科尔沁右翼前旗绿水，2006. Ⅷ. 10，佟灵芝采；3♂♂1♀，兴安盟阿尔山市伊尔施镇紫河林场，1990. Ⅷ. 9；1♂，兴安盟阿尔山市，1997. Ⅶ. 10；3♂♂4♀♀，兴安盟阿尔山市，2003. Ⅶ. 26，石凯采；1♂1♀，兴安盟阿尔山市三角山，2005. Ⅷ. 14，nars 采；4♂♂3♀♀，兴安盟阿尔山市伊尔施镇，2007. Ⅷ. 1，李媛媛采；2♂♂，通辽市科尔沁区钱家店镇，1979. Ⅷ. 15；6♂♂27♀♀，通辽市开鲁县，1981. Ⅶ. 22；2♂♂3♀♀，通辽市科尔沁左翼后旗甘旗卡镇，1981. Ⅷ. 5；1♂1♀，通辽市科尔沁左翼后旗大青沟，1981. Ⅷ. 15；4♀♀，通辽市科尔沁左翼后旗大青沟，1990. Ⅷ. 25；1♂，通辽市科尔沁左翼后旗大青沟，1992. Ⅵ. 5；1♂1♀，通辽市科尔沁左翼后旗大青沟，1992. Ⅸ. 5；24♂♂17♀♀，通辽市科尔沁左翼后旗大青沟，2005. Ⅶ. 29 -31，齐宝瑛、张乐、张志伟等采；1♀，通辽市科尔沁左翼后旗大青沟，

2006. Ⅶ.31；3♂♂3♀♀，通辽市奈曼旗，1987. Ⅵ.27；4♂♂3♀♀，通辽市奈曼旗，1987. Ⅷ.27；2♀♀，通辽市奈曼旗青龙山，1992. Ⅷ.14；1♂1♀，通辽市奈曼旗，2005. Ⅷ.9，nars采；11♂♂16♀♀，赤峰市翁牛特旗，1986. Ⅶ.19;8♂♂19♀♀，赤峰市翁牛特旗，1986. Ⅶ.30；14♂♂17♀♀，赤峰市翁牛特旗松树山，1986. Ⅷ.7；7♂♂7♀♀，赤峰市克什克腾旗经棚，1998. Ⅷ.14，吴志毅采；6♂♂4♀♀，赤峰市克什克腾旗经棚，1998. Ⅷ.15，吴志毅采；2♂♂，赤峰市阿鲁克尔沁旗，1988. Ⅶ.11；1♂2♀♀，赤峰市阿鲁克尔沁旗，1989. Ⅶ.10；9♀♀，赤峰市阿鲁克尔沁旗，1998. Ⅶ.29，吴志毅采；1♂5♀♀，赤峰市阿鲁克尔沁旗，1998. Ⅷ.16，吴志毅采；1♂，赤峰市阿鲁克尔沁旗罕山，2004. Ⅶ.11，张乐采；4♂♂2♀♀，赤峰市喀喇沁旗旺业甸，1990. Ⅵ.23；1♀，赤峰市喀喇沁旗旺业甸，2000. Ⅶ.7，白海燕采；1♂，锡林郭勒盟东乌珠穆沁旗盐地，1976. Ⅷ.12；2♂♂5♀♀，锡林郭勒盟西乌珠穆沁旗，2003. Ⅶ.18，白小栓、冰梅采；29♂♂36♀♀，锡林郭勒盟西乌珠穆沁旗哈布其盖，2006. Ⅶ.21，宝爱萍、通嘎拉、佟灵芝等采；5♂♂8♀♀，锡林郭勒盟西乌珠穆沁旗阿拉腾郭勒苏木，2006. Ⅶ.24，宝爱萍采；3♂♂4♀♀，锡林郭勒盟西乌珠穆沁旗乌兰哈拉嘎苏木，2006. Ⅶ.26，宝爱萍、通嘎拉、佟灵芝等采；2♂♂5♀♀，锡林郭勒盟太仆寺旗，1987. Ⅷ.5；2♂♂3♀♀，锡林郭勒盟正镶白旗，1987. Ⅶ.29；1♀，锡林郭勒盟正镶白旗，2003. Ⅷ.7，郭元朝采；2♀♀，锡林郭勒盟正蓝旗桑根达来镇，2000. Ⅷ.31，能乃扎布采；1♂4♀♀，锡林郭勒盟正蓝旗桑根达来镇，2000. Ⅸ.1，能乃扎布采；9♂♂3♀♀，锡林郭勒盟正蓝旗桑根达来镇，2004. Ⅶ.8，苏亚、张乐等采；1♂，锡林郭勒盟正蓝旗，2002. Ⅶ.11，白小栓采；3♂♂9♀♀，锡林郭勒盟正蓝旗，2003. Ⅶ.13，任宏宝、石凯等采；1♂，呼和浩特市和林格尔县摩天岭，2004. Ⅶ.6，石凯采；3♂♂10♀♀，呼和浩特市和林格尔县南天门，2004. Ⅶ.7，乌云高娃、石凯采；2♂♂5♀♀，呼和浩特市和林格尔县南天门，2006. Ⅷ.29，李媛媛采；2♂♂3♀♀，呼和浩特市和林格尔县南天门，2007. Ⅶ.4，李媛媛采；1♂4♀♀，呼和浩特市森林公园，2007. Ⅶ.10，李媛媛采；1♀，包头市固阳县五当召，1984. Ⅸ.26；1♀，鄂尔多斯市草原站，1964. Ⅸ.13，能乃扎布采；2♂♂1♀，鄂尔多斯市乌兰紫登牧草站，1964. Ⅸ.15，能乃扎布采；3♂♂3♀♀，鄂尔多斯市东胜区，1988. Ⅷ.14；5♂♂3♀♀，鄂尔多斯市东胜区，1988. Ⅷ.23；4♂♂11♀♀，鄂尔多斯市东胜区，1988. Ⅷ.30；4♂♂1♀，鄂尔多斯市郊区，2005. Ⅶ.8，杜刚采；

1♀，鄂尔多斯市乌审旗巴图湾水库，1983. Ⅸ. 19；1♂6♀♀，鄂尔多斯市乌审旗，1987. Ⅷ. 15；2♂♂4♀♀，鄂尔多斯市乌审旗，2001. Ⅸ. 18，吴志毅、李俊兰等采；2♀♀，鄂尔多斯市乌审旗，2005. Ⅶ. 8，杜刚采；1♀，鄂尔多斯市乌审旗嘎鲁图苏木，2006. Ⅶ. 28，田庆采；8♂♂11♀♀，鄂尔多斯市伊金霍洛旗成陵，1988. Ⅸ. 11；1♂4♀♀，鄂尔多斯市伊金霍洛旗阿镇，1988. Ⅸ. 12；1♀，鄂尔多斯市伊金霍洛旗成陵，2005. Ⅶ. 8，邱庆丰采；2♂♂7♀♀，鄂尔多斯市鄂托克旗乌兰镇南，1983. Ⅸ. 12；4♂♂6♀♀，鄂尔多斯市鄂托克前旗，1987. Ⅷ. 8；5♂♂8♀♀，鄂尔多斯市鄂托克前旗敦达图，2006. Ⅶ. 24，李媛媛、王俊清采；3♂♂2♀♀，鄂尔多斯市准格尔旗，1988. Ⅸ. 16；1♂1♀，鄂尔多斯市准格尔旗布尔陶亥乡，2005. Ⅶ. 5，邱庆丰采；3♂♂3♀♀，鄂尔多斯市准格尔旗薛家湾镇，2005. Ⅶ. 6，张志伟采；110♂♂97♀♀，鄂尔多斯市准格尔旗库克旗沙地，2006. Ⅷ. 31，田庆、王俊清、崔鸽等采；8♂♂7♀♀，鄂尔多斯市达拉特旗恩格贝，2005. Ⅶ. 12，邱庆丰、崔鸽采；26♂♂33♀♀，鄂尔多斯市达拉特旗定位站，2007. Ⅶ. 7，李媛媛采；81♂♂67♀♀，鄂尔多斯市杭锦旗，2007. Ⅷ. 31，李媛媛采；1♂，宁夏盐池草原站，1977. Ⅷ. 24。

分布：内蒙古呼和浩特市（和林格尔县、森林公园）、包头市（固阳县）、呼伦贝尔市（鄂温克族自治旗维纳河林场、阿里河、鄂伦春自治旗、根河市、扎兰屯市、陈巴尔虎旗、新巴尔虎左旗）、兴安盟（扎赉特旗、乌兰浩特市、科尔沁右翼中旗、科尔沁右翼前旗、阿尔山市）、通辽市（科尔沁区、开鲁县、科尔沁左翼后旗大青沟、奈曼旗）、赤峰市（翁牛特旗、克什克腾旗、阿鲁克尔沁旗、喀喇沁旗）、锡林郭勒盟（东乌珠穆沁旗、西乌珠穆沁旗、太仆寺旗、正镶白旗、正蓝旗）、鄂尔多斯市（东胜区、乌审旗、伊金霍洛旗、鄂托克旗、鄂托克前旗、准格尔旗、达拉特旗、杭锦旗），北京，天津，黑龙江，宁夏，浙江，河南，广东，四川，云南，陕西，甘肃。国外：蒙古国，奥地利，比利时，波黑，保加利亚，白俄罗斯，克罗地亚，捷克，丹麦，哈萨克斯坦，芬兰，法国，英国，德国，匈牙利，意大利，拉脱维亚，卢森堡，马其顿，摩尔达维亚，荷兰，挪威，波兰，罗马尼亚，斯洛伐克，斯洛文尼亚，西班牙，瑞典，瑞士，乌克兰，南斯拉夫，俄罗斯，日本，朝鲜，埃及，阿尔及利亚，阿富汗，吉尔吉斯斯坦。

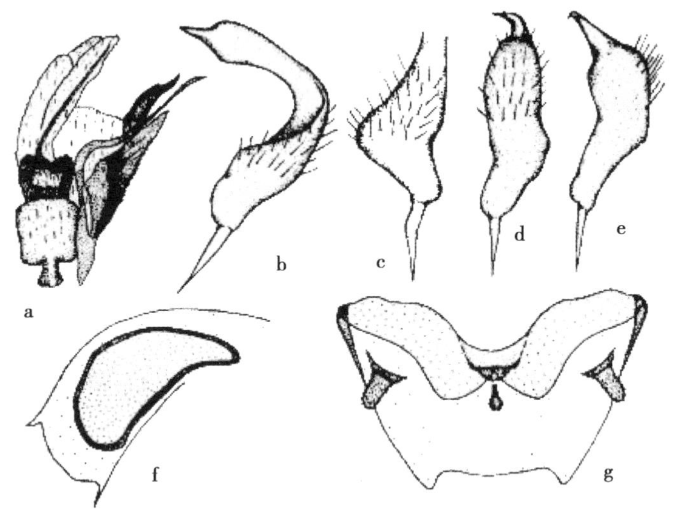

a. 阳茎端（vesica）；b－c. 左阳基侧突（left paramere）；d－e. 右阳基侧突（right paramere）；f. 环骨片（ring sclerite）；g. 交配囊后壁（posterior wall of bursa copulatrix）

图 49　斯氏后丽盲蝽 *Apolygus spinolae*（Meyer-Dür）（仿郑乐怡，2004 图）

图 50　斯氏后丽盲蝽 *Apolygus spinolae*（Meyer－Dür）

7. 短喙后丽盲蝽（图 51、图 52）*Apolygus brevirostris* sp. nov.（新种）

体椭圆形。干标本淡黄褐色，具光泽。

头垂直，唇基端部 3/5～4/5 黑色；额区隐约可见若干成对的平行淡色横纹，头顶与复眼宽度比约为 1.05∶1，头顶具一中纵沟，后缘嵴完整。头前面观眼前部分明显长于眼下缘至触角窝上端之间的距离。触角第Ⅰ节伸过头端，一色，同体色，第Ⅱ节一色，同体色，其末端色加深，几乎呈褐色，最后二节黑色。触角第Ⅱ节长度与前胸背板基部的宽度之比约为 1∶1.13。喙仅伸达中足基节中央。

前胸背板拱隆、前倾程度中等，领较细，略粗于头顶后缘嵴，胝略隆起，胝区略暗于体色，后缘中段直，刻点清晰，密度中等，毛较短。小盾片一色，具浅横皱纹，其端角处有隐约的褐色斑点。前翅革片淡黄褐，端部内角具隐约的黑斑，楔片末端同体色，不呈黑色，膜片烟灰色。足淡黄褐色，后足股节端部有隐约两个淡褐色环，雌虫则不明显，胫节刺黑色，刺基部无小黑点斑。

阳茎端缺针突，翼骨片近长椭圆形，端部平截，腹骨片片状，其端缘略超过或几乎平行于侧骨片，侧骨片端段圆钝，较简单，亚侧骨片不显，左抱器端突粗大，无弯钩，右抱器端部弯曲。

量度（mm）：体长 4.4 ~ 5.2，体宽 2.1 ~ 2.3。头长 0.35 ~ 0.45，头宽 0.98 ~ 1.06，头顶宽（♂）0.32 ~ 0.35，（♀）0.35 ~ 0.37。触角各节长（0.51 ~ 0.6）：（1.48 ~ 1.65）：（0.58 ~ 0.9）：（0.35 ~ 0.62）。前胸背板长 0.8 ~ 0.95，后缘宽 1.65 ~ 1.81。革片长 2.16 ~ 2.5，楔片长 0.64 ~ 0.9。

正模♂，内蒙古赤峰市喀喇沁旗旺业甸，1990. Ⅵ. 23。副模 3 ♂♂ 4♀♀，内蒙古赤峰市喀喇沁旗旺业甸，1990. Ⅵ. 23；2 ♂♂，内蒙古赤峰市喀喇沁旗旺业甸，2000. Ⅶ. 7，白海燕采。

该新种体色和外形近似于绿后丽盲蝽 *Apolygus lucorum*（Meyer-Dür，1843），以及黑头后丽盲蝽 *Apolygus nigritylus* Bao et Nonnaizab sp. nov.，但喙仅伸达中足基节中央，小盾片端角处有隐约可见的褐色斑。阳茎端翼骨片端部平截，腹骨片端缘略超过或几乎平行于侧骨片，左抱器端突差别十分明显等易相区别。

观察标本：4 ♂♂4♀♀，内蒙古赤峰市喀喇沁旗旺业甸，1990. Ⅵ. 23；2 ♂♂，内蒙古赤峰市喀喇沁旗旺业甸，2000. Ⅶ. 7，白海燕采。

分布：内蒙古赤峰市（喀喇沁旗旺业甸）。

模式种 Type species：*Calocoris rubripes* Jakovlev，1876

五、树丽盲蝽属 *Arbolygus* Kerzhner，1979

Arbolygus Kerzhner，1979a. New Heteroptera from the Far East of the USSR. - Trudy Zool.

Inst. Akad. Nauk SSSR 81：24（as subgenus of *Lygocoris* Reuter；upgraded by Miyamoto，1987. Corrections of the scientific names for some mirids，and aquatic and semiaquatic bugs illustrated in，Iconographia Insectorum Japonicorum Colore naturali edita，Volumen Ⅲ（Hokuryukan，Tokyo，1965），.-Rostria 38：582）.

Arbolygus：Miyamoto，1988a. Some mirids new to Japan（Heteroptera：Miridae）. Rostria 39：637.

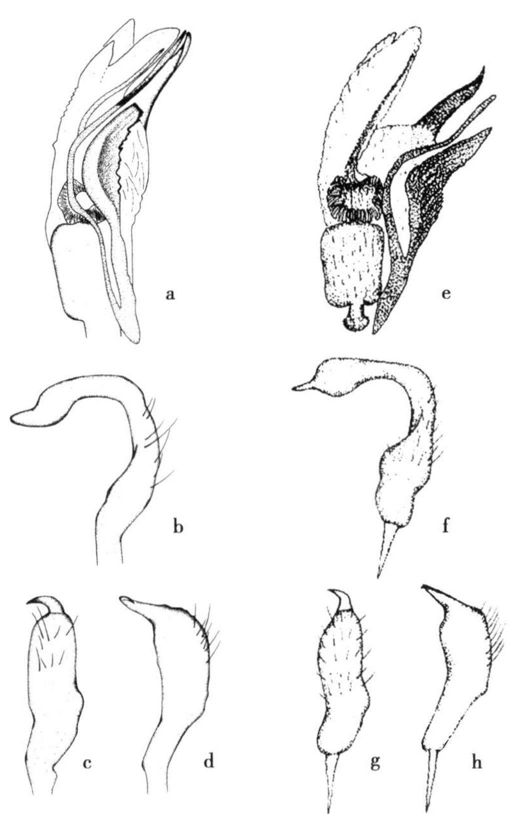

a. 阳茎端；b. 左抱器；c－d. 右抱器；e－h. 绿后丽盲蝽 *Apolygus lucorum*；e. 阳茎端；f. 左抱器；g－h. 右抱器

图 51　a－d. 短喙后丽盲蝽 *Apolygus brevirostris* sp. nov.

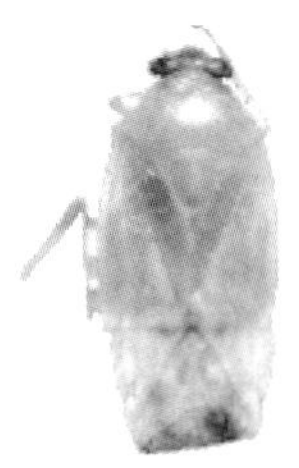

图 52　短喙后丽盲蝽 *Apolygus brevirostris* sp. nov.

Arbolygus：Lu，N. & L. Y. Zheng，1998c. A taxonomic study on the genus

Arbolygus（Heteroptera：Miridae）from China. Entomotaxonomia 20：79－96.

属征：体中等偏大，长椭圆形或近两侧平行，多为褐色至黑色，个别为黄褐色。

头相对较小，具光泽，毛稀。头顶后缘嵴不发达，全无，或极低而成痕迹状，或中段消失仅两端可见痕迹状，中纵沟直，向后伸达头顶后缘，后端不向两侧分歧成“八”字形。额区两侧常各有 4～6 条相互平行的深色短横纹。触角短，第Ⅱ节通常短于前胸背板宽。

前胸背板领多少具光泽，多略细于触角第Ⅰ节基部，色同体色或略淡，但多不呈黄白色；领毛短小或无，不具淡色细长直立毛。盘域具光泽，刻点多较稀而不规则，深浅不一；毛稀短；最后缘呈狭窄地黄白色；胝饱满光滑，二胝相连；侧缘圆钝或略锐。

小盾片通常饱满，具细横皱，深色，通常端角色浅，有时两基角亦色浅。前翅革片及爪片通常具细密刻点及密毛，个别种几乎光滑无毛，一些种具许多点状斑；膜片烟褐色。腹面颜色基本同背面，但多斑驳。足单色，端部加深，或具明显的深色环。胫节刺常略长于胫节直径，深色或浅色。

雄性外生殖器：左抱器变异较大，通常为镰刀状；感觉叶小，仅基部略膨大，有时则发达，甚至强烈伸出，与阳基侧突体部之间形成二岔状（*A. kerzhneri*）；端突前部常向前或向下弯曲成小钩状。右抱器体部通常直，端突变异较大。阳茎端鞘上的片状突 1～4 枚，其特征在种内稳定，种间则差异较显著，是较好的分类特征。阳茎端复杂，针突通常骨化强，针状，有时缺失；此外还有 0～4 个骨化附器，形状及骨化程度各异；膜叶 2～4 个，大小不同，通常表面（至少端部表面）密布骨化或未骨化的微刺。导精管通常为长短不一的筒形，次生生殖孔宽阔。

环骨片长肾形。交配囊后壁差异较大，侧叶宽大；支间叶缺失；中突有或无，如存在时则为长形，端部膨大；背结构通常发达而且复杂。

本属种类的已知寄主为桦木科（Betulaceae）、杨柳科（Salicaceae）及榆科（Ulmaceae）等阔叶树种。许多种类具趋光性。

树丽盲蝽属古北界东部分布。全世界已知 10 余种，我国记录 14 种，到目前为止我国蒙新区共记录树丽盲蝽属昆虫 2 种。

1. 红足树丽盲蝽（图 53、图 54）*Arbolygus rubripes*（Jakovlev，1876）

Calocoris rubripes Jakovlev，1876b. New bugs，Hemiptera Heteroptera，of the Russian fauna.-Bulletin de la Société des Naturalistes de Moscou 55

(1): 115.

Adelphocoris flaviventris Reuter, 1908a. Capsidae novae palaearcticae. -Ezhegodnik zoologicheskago Muzeya Imperatorskoi Akademii Nauk 12, (1907): 487 (syn.

Linnavuori, 1963. Contribution to the Miridae fauna of the Far East Ⅲ. -Annales Entomologici Fennici 29: 77.

Adelphocoris rubripes (Jakovlev): Carvalho, 1959a. A catalogue of the Miridae of the world. Part Ⅳ. Arq. Mus. Nac., Rio de Janeiro 48: 19.

Lygocoris(Arbolygus) rubripes(Jakovlev): Kerzhner, 1978a. Heteroptera of Saghalien and Kurile Islands. Trudy Biol. -Pochv. Inst. Dalnevost. Nauch. Tsjentra Akad. Nauk AN SSSR, Vladivostok, new ser., 50: 39.

Lygocoris rubripes (Jakovlev): Schuh, 1995. Plant bugs of the World (Insect: Heteroptera: Miridae) Systemetic Catalog, Distributions, Host List, and Bibliography. The New York Entomological Society: 803.

Arbolygus rubripes (Jakovlev): Lu & Zheng, 1998c. A taxonomic study on the genus *Arbolygus* (Heteroptera: Miridae) from China. Entomotaxonomia 20: 80.

Arbolygus rubripes (Jakovlev): Kerzhner & Josifov, 1999. Catalogue of the Heteroptera of the Palaearctic Region. Volume 3, Cimicomorpha Ⅱ, Miridae. The Netherlands Entomological Society: 69.

体长椭圆形；背面黄褐色略带红色至褐色，略具光泽；被密而较长的银白色毛。

头垂直，浅黄褐色，略带红色，具稀疏毛。雄头顶宽为头宽的0.3倍；唇基褐色，有时端部1/3深褐色；头顶深褐色，中纵沟明显，后缘嵴较弱；额区各有4~5条深褐色相互平行的短横纹。触角第Ⅰ节红褐至黑褐色；第Ⅱ节基部1/8黑色，其余黄褐色并有红色碎斑，或全黑，仅基部1/3处略浅，第Ⅲ、第Ⅳ节黑褐色，各节基部黄白色。喙伸达后足基节。

前胸背板浅褐色，胝及胝前区域黑色，后缘极窄地黄白色；或整个前胸背板均为黑色，仅后缘窄边黄白色；刻点均匀；毛长密，银白色，半平状。领黄褐色。小盾片突出，具细横皱，黑色，基角和端角黄白色。前翅革片和爪片黑色，有时黄褐至浅褐色；缘片色常略浅；革片Cu脉外侧、缘片内侧及缘片的顶角内侧加深为红褐至浅黑色；毛长密，银白色。楔片黑褐至浅黑色，基部1/4黄白色，半透明，顶端色略浅；长约为基部宽的1.7倍。膜片深烟褐色。大室内侧大部分及翅室外的一条宽横带浅色。胸下黄褐至黑褐色，腹下黄黑色，臭腺蒸发域黄白色。各足基节淡黄褐；股节红褐，前、后足股节基半及中足股节基部2/3黄白色，前、中足股节端部1/3处各有一褐环；后足股节端部和中部各有一黑褐环。胫节均一地红褐色。胫节刺同色。

左阳基侧突狭长，感觉叶小，端突反卷成小钩状。右阳基侧突体部较长，端突很短，垂直于阳基侧突体部。阳茎鞘端部左右各具1狭长的片状突。阳茎端针突细长，略弯曲；共具3个膜叶，表面密布微刺，近中央有一根宽阔的长形片状骨化附器，端尖而两侧缘内卷。导精管短，近筒形，次生生殖孔宽阔。

量度（mm）：体长7.98～8.27，体宽2.7～2.85。头长0.41～0.48，头宽1.2～1.26，头顶宽（♂）0.36，（♀）0.38。触角各节长（0.88～0.95）：（2.48～2.69）：（1.32～1.39）：（0.61～0.71）。前胸背板长1.26～1.35，后缘宽2.39～2.48。革片长3.78～3.92，楔片长1.4～1.47。

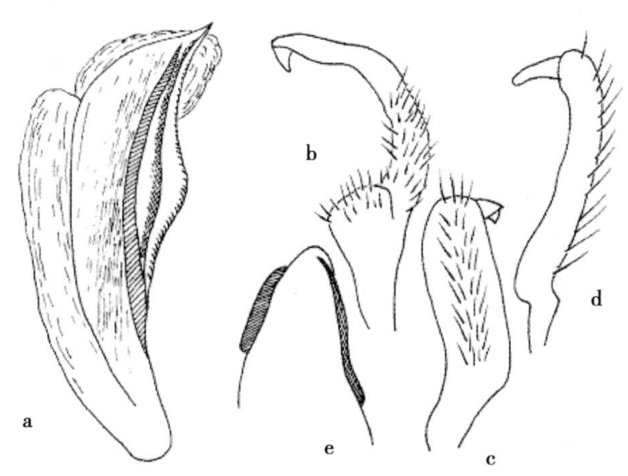

a. 阳茎端（vesica）；b. 左阳基侧突（left paramere）；c－d. 右阳基侧突（right paramere）；e. 阳茎鞘端部（示片状突）（apical portion of phallotheca，showing tab）

图53　红足树丽盲蝽 *Arbolygus rubripes*（Jakovlev）（仿郑乐怡，2004图）

已知寄主有栎属（*Quercus*）、桦属（*Betula*）（Kerzhner，1979）。

本种以红褐色的触角第Ⅰ节、红至红褐色的胫节及不同的阳茎端结构而易与其他种区别。

图 54　红足树丽盲蝽 *Arbolygus rubripes*（Jakovlev）

观察标本：1♀，兴安盟科尔沁右翼中旗，1995. Ⅵ. 25；1♂，内蒙古包头市九峰山，1987. Ⅶ. 27。

分布：内蒙古包头市（九峰山）、兴安盟（科尔沁右翼中旗），河北，山西。国外：日本，朝鲜，俄罗斯（远东地区）。

2. 环胫树丽盲蝽（图 55、图 56）*Arbolygus tibialis* Lu *et* Zheng，1998

Arbolygus tibialis Lu et Zheng，1998c. A taxonomic study on the genus *Arbolygus*（Heteroptera：Miridae）from China. Entomotaxonomia，20（2）：92.

Arbolygus tibialis：Kerzhner & Josifov，1999. Catalogue of the Heteroptera of the Palaearctic Region. Volume 3，Cimicomorpha Ⅱ，Miridae. The Netherlands Entomological Society：69.

体长椭圆形；背面褐色，略具光泽。

头垂直，褐色，略带黑褐色，具稀疏毛；雄头顶宽为头宽的 0.31 倍，雌为 0.38 倍；唇基黄褐色，略带红褐色；头顶中纵沟明显，前伸至复眼前缘，后缘嵴消失，仅留痕迹；额区各有 5～6 条深褐色相互平行的短横纹。触角黑褐至黑色，仅第Ⅲ、Ⅳ节的基部分别为黄白色。喙伸达中足基节。

前胸背板黑褐色，前缘具不规则的浅色斑，后缘极窄地黄白色；或大部至整个前胸背板深褐色，仅胝区黑色。胝区光滑，具强光泽。盘域刻点小而不规则，毛短于革片毛。领褐色。小盾片黑褐色至黑色，基角黄褐色，端角黄白色；具横皱。前翅黑褐色；楔片长约为基部宽的 1.5 倍，最基部至基部 1/3 黄白色；膜片烟褐色。

体下浅褐至深褐色，散布黑褐色斑点。足黄褐，股节及胫节各具 4 褐环，位于两端及中部，胫节刺浅褐色。

左阳基侧突镰状，体部狭长，端突后弯成小钩状。右阳基侧突狭长，端部与阳基侧突体部垂直。阳茎鞘仅在端部有一个极小的半圆形片状突。阳茎端针突长，基部弯曲，然后直，末端尖细，骨化强。共具4个膜叶，3大1小，表面均具微刺。左侧骨化附器直，中部宽，两端尖细；中央有一两侧内卷的长形片状骨化附器。导精管短筒形，次生生殖孔宽阔。

量度（mm）：体长7.22~7.89，体宽2.85~3.14。头长0.45~0.48，头宽1.36~1.4。头顶宽（♂）0.41~0.42，（♀）0.52~0.6。触角各节长（0.95~1.05）：（2.45~2.7）：（1.36~1.48）：（0.6~0.68）。前胸背板长1.43~1.52，后缘宽2.62~2.84。革片长3.7~3.96，楔片长1.36~1.45。

与*A. renae*相似，但触角第Ⅰ节黑褐至黑色，前胸背板两侧无黄褐色斑，雄性外生殖器结构亦不同，可与后者相区别。

分布：甘肃，宁夏，陕西，湖北。

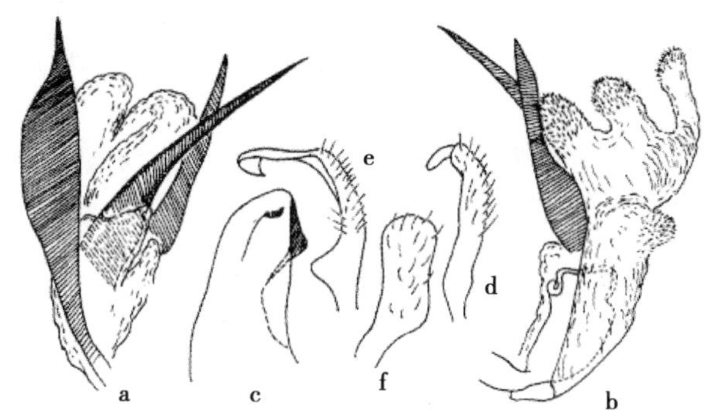

a－b. 阳茎端（vesica）；c. 阳茎鞘端部（示片状突）（apical portion of phallotheca, showing tab）；d. 左阳基侧突（left paramere）；e－f. 右阳基侧突（right paramere）

图55 环胫树丽盲蝽 *Arbolygus tibialis* Lu *et* Zheng（仿郑乐怡，2004图）

图56 环胫树丽盲蝽 *Arbolygus tibialis* Lu *et* Zheng

第五章 蒙新区草盲蝽复合组昆虫区系分布特点

第一节 蒙新区草盲蝽复合组昆虫在世界动物地理区系中的分布情况

根据陈鹏主编的《动物地理学》（1986），在世界动物地理区划上，我国跨古北界和东洋界，蒙新区属于古北界。因此，蒙新区草盲蝽复合组昆虫以古北界的种类占绝对优势，但也有分布于其他区系的属、种。参与本次区系分析的我国蒙新区草盲蝽复合组昆虫 5 属 34 个种，属级分类单元在世界动物地理区系中的分布情况及归属和所占比重见表 1 和表 2。

表 1 蒙新区草盲蝽复合组昆虫属级分类单元在世界动物地理区系中的分布情况

属	古北界	新北界	东洋界	澳洲界	新热带界	非洲界
Lygus Hahn	+	+	+			
Lygocoris Reuter	+	+	+			
Neolygus Knight	+	+	+			
Apolygus China	+	+	+			
Arbolygus Kerzhner	+		+			

表 2 蒙新区草盲蝽复合组昆虫属级分类单元在世界动物地理区划中的归属及所占比重

古北界	新北界	东洋界	澳洲界	新热带界	非洲界	属数（个）	所占比例（%）
+	+	+				4	80
+		+				1	20

从表 1 和表 2 可以看出，蒙新区草盲蝽复合组昆虫在古北界、新北界、东洋界均分布的共有属占 80%；古北界和东洋界分布的共有属占 20%。

我国蒙新区草盲蝽复合组昆虫种级分类单元在世界动物地理区系中的分

布情况及归属和所占比重见表3和表4。

表3　蒙新区草盲蝽复合组昆虫种级分类单元在世界动物地理区系中的分布情况

种	古北界	新北界	东洋界	澳洲界	新热带界	非洲界
Lygus adspersus (Schilling)	+		+			
L. discrepans Reuter	+		+			
L. dracunculi Josifov	+					
L. gemellatus (Herrich-Schaeffer)	+		+			
L. orientis Aglyamzyanov	+					
L. paradiscrepans Zheng *et* Yu	+		+			
L. poluensis (Wagner)	+					
L. pratensis (Linnaeus)	+		+			
L. punctatus (Zetterstedt)	+	+				
L. renati Schwartz	+					
L. rugulipennis (Poppius)	+	+				
L. sibiricus Aglyamzyanov	+					
L. wagneri (Remane)	+					
Lygocoris diffusomaculatus Lu *et* Zheng	+		+			
L. dilutus Lu *et* Zheng	+					
L. idoneus (Linnavuori)	+		+			
L. integricarinatus Lu *et* Zheng	+		+			
L. pabulinus (Linnaeus)	+	+	+			
L. rufiscutellatus Lu *et* Zheng	+					
L. rugosicollis (Reuter)	+		+			
Neolygus chinensis (Lu *et* Yasunaga)	+					
N. contaminatus (Fallén)	+	+				
N. elongatulus (Lu *et* Wang)	+					
N. lativerticis (Lu)	+		+			
N. tilianus (Lu *et* Zheng)	+					
Apolygus lucorum (Meyer-Dür)	+	+	+			
A. medionigritus Lu *et* Zheng	+		+			
A. nigritylus Bao et Nonnaizab sp. nov.	+					

（续表）

种	古北界	新北界	东洋界	澳洲界	新热带界	非洲界
A. nigronasutus (Stål)	+		+			
A. nigrovirens (Kerzhner)	+					
A. spinolae (Meyer-Dür)	+		+			
A. brevirostris sp. nov.	+					
Arbolygus rubripes (Jakovlev)	+					
A. tibialis Lu *et* Zheng	+		+			

表 4　蒙新区草盲蝽复合组昆虫种级分类单元在世界动物地理区划中的归属及所占比重

古北界	新北界	东洋界	澳洲界	新热带界	非洲界	种数（个）	所占比重（%）
+						15	44.1
+	+					3	8.8
+		+				14	41.2
+	+	+				2	5.9

从表 3 和表 4 可以看出，蒙新区草盲蝽复合组昆虫仅分布于古北界种类达 15 种，占到总数的 44.1%；古北界和东洋界的共有种有 14 种，占总数的 41.2%；古北界和新北界的共有种有 3 种，占总数的 8.8%；古北界、新北界和东洋界的共有种有 2 种，占总数的 5.9%。由此说明，蒙新区草盲蝽复合组昆虫在种级水平上，多为古北界、东洋界动物区系中的特有种。

第二节　蒙新区草盲蝽复合组昆虫在我国动物地理区系中的分布情况

根据中国科学院 1979 主编的《中国自然地理》，古北界在我国再分为东北区、华北区、蒙新区和青藏区四个区，东洋界在我国再度分为西南区、华中区和华南区三个区。蒙新区与青藏区和华北区邻近，而且与东洋界相互渗透，因此增加了该区草盲蝽复合组昆虫种类的丰富度。蒙新区草盲蝽复合组昆虫属级分类单元在我国动物地理区系中的分布情况及归属和所占比重见表 5。

表5　蒙新区草盲蝽复合组昆虫属级分类单元在我国动物地理区系中的分布情况及所占比重

属	东北区	华北区	蒙新区	青藏区	西南区	华中区	华南区
Lygus Hahn	+	+	+	+	+	+	
Lygocoris Reuter	+	+	+	+	+	+	+
Neolygus Knight	+	+	+			+	
Apolygus China	+	+	+	+	+	+	+
Arbolygus Kerzhner		+	+			+	
总计	4	5	5	3	3	5	2
所占比重（%）	80	100	100	60	60	100	40

从表5可以看出，蒙新区草盲蝽复合组昆虫在我国各大动物地理分布区中所占比重都很大，蒙新区和华北区最高，有5个属，占总数的100%；华南区最低，有2个属，占总数的40%。同时还可以看出，除 *Neolygus* Knight 及 *Arbolygus* Kerzhner 两个属之外，其余各属都较广泛分布于我国各大动物地理分布区，尤其 *Lygocoris* Reuter 和 *Apolygus* China 在各大动物地理分布区中均有分布。出现这种情况的主要原因本人认为，草盲蝽复合组昆虫为广布性昆虫；蒙新区与华北区没有严格的天然屏障，而且华北区与华中区及西南区之间地势较平坦，故容易造成物种间的迁移和扩散。

蒙新区草盲蝽复合组昆虫种级分类单元在我国动物地理区系中的分布情况及归属和所占比重见表6。

表6　蒙新区草盲蝽复合组昆虫种级分类单元在我国动物地理区系中的分布情况及所占比重

种	东北区	华北区	蒙新区	青藏区	西南区	华中区	华南区
Lygus adspersus（Schilling）	+	+	+				
L. discrepans Reuter		+	+	+	+	+	
L. dracunculi Josifov			+				
L. gemellatus（Herrich-Schaeffer）			+				
L. orientis Aglyamzyanov		+	+				
L. paradiscrepans Zheng *et* Yu		+	+	+	+	+	
L. poluensis（Wagner）			+				
L. pratensis（Linnaeus）		+	+	+		+	

（续表）

种	东北区	华北区	蒙新区	青藏区	西南区	华中区	华南区
L. punctatus （Zetterstedt）	+		+				
L. renati Schwartz			+	+			
L. rugulipennis （Poppius）	+	+	+	+			
L. sibiricus Aglyamzyanov	+	+	+	+			
L. wagneri （Remane）	+		+				
Lygocoris diffusomaculatus Lu *et* Zheng			+			+	
L. dilutus Lu *et* Zheng			+				
L. idoneus （Linnavuori）			+		+	+	
L. integricarinatus Lu *et* Zheng			+	+			
L. pabulinus （Linnaeus）	+	+	+	+	+	+	+
L. rufiscutellatus Lu *et* Zheng			+				
L. rugosicollis （Reuter）		+	+	+		+	
Neolygus chinensis （Lu *et* Yasunaga）	+		+				
N. contaminatus （Fallén）			+				
N. elongatulus （Lu *et* Wang）		+	+				
N. lativerticis （Lu）			+			+	
N. tilianus （Lu *et* Zheng）		+	+				
Apolygus lucorum （Meyer-Dür）	+	+	+		+	+	+
A. medionigritus Lu *et* Zheng		+	+	+			
A. nigritylus Bao et Nonnaizab sp. nov.			+				
A. nigronasutus （Stål）		+	+	+			
A. nigrovirens （Kerzhner）		+	+				
A. spinolae （Meyer-Dür）	+	+	+	+	+	+	+
A. brevirostris sp. nov.			+				
Arbolygus rubripes （Jakovlev）		+	+				
A. tibialis Lu *et* Zheng		+	+			+	
总计	9	18	34	12	6	11	3
所占比重（%）	26. 5	52. 9	100	35. 3	17. 7	32. 4	8. 8

从表6 可以看出，蒙新区草盲蝽复合组昆虫在相邻或地势较近的地理分布区中较容易扩散、迁移，即华北区分布的种类最多，有 18 种，占总数的 52. 9%；其次是青藏区和华中区，各有 12 种和 11 种，两者分别占到总数的 35. 3%和 32. 4%；东北区分布的种类有 9 种，占总数的 26. 5%；西南区分布的种类有 6 种，占总数的 17. 7%；华南区分布的种类有 3 种，占总数的 8. 8%。蒙新区草盲蝽复合组昆虫中 *L. discrepans* Reuter、*L. paradiscrepans* Zheng et Yu、*L. pratensis*（Linnaeus）、*L. rugulipennis*（Poppius）、*L. sibiricus* Aglyamzyanov、*L. pabulinus*（Linnaeus）、*L. rugosicollis*（Reuter）、*A. lucorum*（Meyer-Dür）、*A. spinolae*（Meyer-Dür）9 个种在四个以上分布区中分布，为全国广布种。

第六章　蒙新区草盲蝽复合组昆虫中常见虫害发生与防治

第一节　蒙新区草盲蝽复合组昆虫中常见虫害种类与生活史

危害棉花的盲蝽种类很多，重要的有绿盲蝽 *Lygus lucorum* Meyer-Dur、中黑盲蝽 *Adelphocoris suturalis* Jackson、苜蓿盲蝽 *Adelphocoris lineolatus*（Goeze）、三点盲蝽 *Adelphocoris fasiaticornis* Reuter、牧草盲蝽 *Lygus pratensis*（Linnaeus）等五种，均属半翅目，盲蝽科。其中属于蒙新区草盲蝽复合组昆虫中的常见虫害种类为绿盲蝽和牧草盲蝽。

绿盲蝽分布最广，全国各棉区均普遍发生和危害；主要寄主有棉、苜蓿、苕子、木槿、豆类、苹果、桃、小麦、马铃薯等。棉田中有盲蝽是一个混合种群，各地种群组成不同。常危害棉花的顶芽、边心、花蕾及幼铃，吸食棉株汁液。棉苗真叶芽出露，盲蝽就用针状口器刺吸幼芽，顶芽受害枯焦发黑成无头苗；真叶期危害顶芽成黑斑，组织坏死；顶芽叶片伸展时，坏死部分成孔洞，近主脉处叶片破碎。被害叶片破孔边缘愈合成为特殊的叶切状，与一般咀嚼口器昆虫造成的虫孔不同。若危害严重，叶切状叶片连续多片，使棉株破叶累累呈“破叶疯”，幼蕾被害，由黄变黑，形似荞麦粒，经 2 ~ 3 d 脱落；中型蕾被害，苞叶张开称为张口蕾，不久即脱落；幼铃被刺，轻则伤口呈水渍状斑点，重则僵化脱落；顶心和旁心受害，枝叶丛生疯长，称为扫帚苗。据资料，蕾铃脱落中有 80% 为盲蝽所造成。牧草盲蝽主要分布在西北河西走廊及新疆，是新疆等西北内陆棉区的优势种，其他北方棉区亦有，但数量少。主要寄主有棉、苜蓿、地肤、碱草、菠菜、白菜、萝卜、甘蓝、甜菜、蒿类、豆类、小麦、玉米、柳、洋槐、苹果、梨、柑橘、杏等。

蒙新区危害棉花的 2 种盲蝽都是多食性的昆虫，寄主十分广泛，除危害各种豆科牧草外，还有禾本科牧草、棉花、蔬菜和油料等作物。成虫和幼虫均以刺吸食嫩茎叶、花蕾、子房的汁液，受害部逐渐凋萎、变黄、枯干而脱落，影响牧草的产量和质量及种子生产。形态特征和生活特点见表1和表2。绿盲蝽年发生3～5代。以卵在寄主植物的残茬、断枝切口处越冬。翌年3—4月，当平均温度达到10℃以上时越冬卵开始孵化。第1代若虫期约30d，到4月下旬羽化成成虫，第1代成虫与第2代若虫在附近寄主植物，即苜蓿、苕子、蚕豆、蒿类等上活动。6月上旬第2代成虫迁入棉田，8月下旬后，棉株花蕾减少，又逐渐迁到其他正开花的植物上危害，11月开始以卵越冬。第3代成虫发生期为7月中旬，第4代为8月中旬，第5代为9月中旬。成虫寿命21～83d。1代以后各代虫态逐渐重叠。在植物生长季节内成虫产卵于嫩茎、叶、花蕾、花柄、叶片主脉等处。

表1　2种棉盲蝽的形态特征

虫态	特征	绿盲蝽	牧草盲蝽
成虫	体长（mm）	5左右	5.5～6
	触角	比体短	比体短
	体色	绿色	黄绿色
	其他特征	前胸背板上有黑色小刻点，前翅绿色，膜质部暗灰色	前胸背板有橘皮状斑刻点，侧缘黑色，后缘有2条黑纹，中部有四条纵纹，小盾片黄色，中央黑褐色下陷
卵	长（mm）	约1	约1.1
	其他特征	卵盖奶黄色，中央凹陷，两端突起，无附属物	卵盖边缘有一向内弯曲柄状物，卵盖中央稍下陷
若虫	形态特征	初孵时，全体绿色，复眼红色。5龄若虫体鲜绿色，眼灰色，身上有许多黑色绒毛，翅芽尖端蓝色，达腹部第四节，腺囊口为一黑色横纹	初孵若虫黄绿色，5龄若虫绿色。在前胸背板中央两侧、小盾片中央两侧及第Ⅲ、第Ⅳ腹节间各有1个圆形黑斑

表2　2种棉盲蝽的生活特点

种类	发生代数	越冬虫态及主要场所	为害代别	为害期		
				侵入棉田时间	为害盛期	迁出棉田时间
绿盲蝽	3～5	卵；残茬、枯铃壳、土中	2、3、4	6/上、中	7/上、中	8/中、下
牧草盲蝽	4	成虫；杂草、树皮裂缝内	2、3	5/下	6/中～8/中	8/中、下

危害园林植物的蝽类主要有盲蝽科的绿丽盲蝽，网蝽科的梨冠网蝽 *Stephanitis nashi* Esaki et Takerya、杜鹃冠网蝽 *Stephanitis pyriodes*（Scott）、蝽科的麻皮蝽 *Erthesina fullo* Thunberg、荔枝蝽 *Tessaratoma papillosa*（Drury）、斑须蝽 *Dolycoris bac-carum*（L.）、二星蝽 *Stollia guttiger*（Thunberg）、茶翅蝽 *Halyomorpha halys*（Stal）、和稻绿蝽 *Nezara viridula*（L.）等。盲蝽科昆虫可危害嫩叶、嫩茎、花蕾和果实，受害叶片和嫩茎出现黄褐色斑点，叶肉组织变暗，严重时叶片早落，嫩茎枯死。盲蝽卵为香蕉形，产于植物组织中，以卵在植物组织内越冬。其中属于蒙新区草盲蝽复合组昆虫中的常见虫害种类为绿丽盲蝽。

绿丽盲蝽分布全国各地，寄生很多，其中园林植物主要有月季、大丽花、一串红、翠菊、山茶花、木槿、紫薇等。形态特征见表3。生物学特性：北方一年发生3～5代，以卵在植物组织内越冬；南方1年5～7代，以卵在植物组织内或以成虫在杂草间越冬。在河南5代区，翌年3月底4月初越冬卵孵化，4月中旬为若虫孵化盛期，5月上旬羽化为成虫。第2～5代分别发生在6、7、8、9月。成虫羽化6～7 d后开始产卵，卵多产在植物嫩皮层组织中，卵盖外露。每雌平均产卵100粒左右，但越冬代可产卵在250～380粒。成虫寿命长，产卵期30～40 d，故有时代重叠现象。成虫、若虫白天潜伏，晚上爬至芽、叶上取食，以芽和嫩叶受害最重。由于成虫、若虫均不耐高温、干燥，所以每年春、秋两季危害较重。

表3　1种园林植物（绿丽盲蝽）的形态特征

虫态	特征	绿丽盲蝽
成虫	体长（mm）	约5
	触角	比体短
	体色	绿色
	其他特征	前胸背板上有许多黑色小刻点，小盾片黄绿色，中央有一条浅纵纹。前翅革翅区绿色，膜质区暗灰色。
卵	长（mm）	约1
	其他特征	长口袋形，黄绿色。卵盖乳黄色，中央凹陷，两端较突起。
若虫	形态特征	共5龄。形似成虫。初孵时短而粗，绿色；2龄黄褐色；3龄出现翅芽；4龄翅芽超过第1腹节，5龄时翅芽达腹部第4节。

对园艺植物造成危害的主要种类有梨冠网蝽 *Stephanitis nashi* Esaki et Takeya、荔枝蝽 *Tessaratoma popillosa* Drury、茶翅蝽 *Halyomorpha halys*（Stal）、

河北菜蝽 *Eurydema dominulus*（Scopoli）、杜鹃冠网蝽 *Stephanitis pyriodes*（Scott）、绿盲蝽 *Lygus lucorum* Meyer-Dur、斑须蝽 *Dolycoris baccarum*（Linnaeus）、麻皮蝽 *Erthesina fullo*（Thunbery）等。其中属于蒙新区草盲蝽复合组昆虫中的常见虫害种类为绿盲蝽。

绿盲蝽分布于上海、江苏、浙江、安徽、江西、湖北、湖南、四川、陕西、山东、河南、山西、河北及辽宁等地。寄主植物有翠菊、大丽花、紫薇、木槿、海棠、桃、地肤、月季、山茶花等。主要危害菊科、木棉科等多种花卉，对菊花的危害最严重，曾是影响大丽花质量的主要障碍。叶片受害处呈现黑斑和空洞，严重时叶片皱缩成球状，在菊花谓之“球病”，一串红成为半截绿，月季、扶桑等徒长不现蕾开花；花蕾受害后，渗出黑褐色汁液；叶芽嫩尖被害后呈现焦黑色，以致生长点停止生长。1年5代，以卵在石榴、木槿等植物组织内越冬。喜高温多湿气候，以5月上中旬危害最盛。

第二节　蒙新区草盲蝽复合组昆虫中常见虫害发生与防治

一、发生与环境的关系

1. 虫源基数

6月棉田虫量和为害程度取决于4月中旬苜蓿田内的虫量。秋季苜蓿刈割迟的地方苜蓿田内残留虫量明显减少，翌年春天发生也显著减轻。由于蚕豆面积大，因此蚕豆植株上的发生量对棉田影响最大。其他几类蝽类，越冬基数越大，来年造成的危害性越大。

2. 食　料

正值现蕾开花的寄主植物对盲蝽引诱最大。1代成虫主要在春季豆科植物上活动，以后各代成虫随寄主植物的开花顺序而向马铃薯、胡萝卜、茼蒿上转移，6月中、下旬夏熟寄主相继成熟枯萎，棉花正值现蕾，常形成棉田为害高峰。幼嫩部分常是蝽类害虫危害的主要部位。

3. 气　候

绿盲蝽的卵发育起点温度最低，越冬卵发育最早，田间幼虫出现及发育也较其他盲蝽在先。1代成虫出现时棉花尚未现蕾，对绿盲蝽吸引力小，仍留在原寄主上。盲蝽性喜潮湿，多雨年份盲蝽为害常重。温度25 ℃，相对湿度80%是盲蝽最适宜的条件。若虫在高湿下行动活跃，危害也较重，月雨量100 mm以上就能达到中等为害水平；密度高的棉田形成高湿的小生态环境，有利于盲蝽的危害。灌溉棉区盲蝽危害程度与灌溉时间、方式、水量有关。第1次灌溉早或大水漫灌后盲蝽为害明显加重。盲蝽的为害与植株含氮量明显相关，与植株糖分、含水量及pH值无明显相关。棉株嫩叶、幼蕾、幼铃、高水、肥、生长茂密不整枝的棉株以及早春苜蓿开花期的植株含氮均高，受害重。植株含氮量下降，成虫又迁移到其他寄主。

4. 天　敌

绿盲蝽卵的寄主蜂有点脉樱小蜂、盲蝽黑卵蜂、柄樱小蜂。捕食性天敌有花蝽、草蛉、姬猎蝽、蜘蛛等，另有寄生螨1种。

二、发生规律

1. 绿盲蝽

在北纬32°以北，如冀、鲁、豫、陕，一年发生3～4代，以卵在苜蓿、苕子、蒿类等茎表皮组织中越冬；32°附近地区卵及成虫均有，一年发生4～5代；长江流域以南，多以成虫在残茬中越冬。山西越冬卵4月初孵出，4月末羽化为第一代成虫，主要集中在苜蓿田内危害；第一代成虫在5月上旬产卵，5月中旬孵出，6月初羽化。第三代在7月初孵出，第四代在8月中旬孵出，10月上，中旬，成虫于苜蓿根茬内产卵。在适宜年份，9月上旬还可孵出第五代若虫。危害严重期在6月中旬。各虫态历期：在30℃定温条件下，卵期6～8 d若虫期9～15 d。成虫寿命一般35～50 d，产卵前期6～7 d，产卵期第一代30～40 d。卵产于寄主的嫩叶主脉、花蕾、嫩茎内，2～3粒排成一列。成虫活泼，常更换寄主，追逐开花植物，刺吸花器汁液。卵散产于石榴、苹果等寄主植物的嫩叶、大叶片的主脉、叶柄、果实、嫩茎等组织内。每雌产卵100粒左右，但越冬代产卵量可达250～380粒。成、若虫不耐干燥，因此，高湿多雨有利于其发生。植株高大茂密、生长旺盛、叶片嫩绿的果园易受绿盲蝽的危害。

2. 牧草盲蝽

年发生4代，在山西一年2～3代，陕西3～4代，新疆库尔勒、莎车4代，西北地区5代，均以成虫在苜蓿地、各种杂草、枯枝落叶，树皮裂缝内越冬。以成虫在翌年平均气温达9℃时开始活动，4月上旬越冬成虫便在小麦、菠菜、甜菜、白菜、萝卜、甘蓝植株上大量出现，4月末产卵于藜科及十字花科植物上。第1代成虫5月下旬出现，第2代7月上、中旬，第3代

8 月底、9 月初出现。第 4 代 10 月下旬，羽化后即过冬。第 1 代成虫迁入棉田危害，第 3 代成虫由棉田向地肤（扫帚菜）、碱草等杂草上迁移。成虫产卵期 4 ~ 7 d，越冬代产卵期 39 d，最长 57 d，其余各代 11 ~ 25 d。成虫产卵量可达 300 粒以上。第 1 代卵期约 18 d，第 2 代约 9 d，第 3 代约 8 d，第 4 代约 12 d。若虫 5 龄。第 1 代若虫期约 18 d，第 2 代约 11 d。第 3 代约 12d，第 4 代约 23 d。

三、防治方法

1. 农业防治

烧茬：晚秋或早春苜蓿尚未萌发前，用火烧茬，消灭在枯茬中的越冬卵。

早割或低割：饲用苜蓿开花率达 10% 时收割，可减少危害和降低若虫的羽化数量。低割，特别是第二、第三茬苜蓿，可大量割去在茎秆中的卵，减少越冬虫口基数。

设置幼虫带：收割时，先从苜蓿田的四周开始刈割，中央留下不收割的条带地块，害虫集聚到这里用药杀灭。

2. 化学防治

药剂防治若虫最有利。可用：① 40% 乐果 EC1 000 ~ 1 500 倍液；② 50% 马拉硫磷 1 000 ~ 1 500 倍液；③诱虫带用 90% 敌百虫 1 500 倍液；④ 2. 5% 敌百虫粉剂，每公顷用 30 kg。

参考文献

安瑞军. 2007. 植物保护学［M］. 赤峰：内蒙古科学技术出版社. 186－189.

陈鹏. 1986. 动物地理学［M］. 北京：中国林业出版社. 134－179.

陈学新. 1997. 昆虫生物地理学［M］. 北京：科学出版社. 48－56.

范玉香，唐贵明. 2011. 蒙新区平腹蛛科蜘蛛区系分析［J］. 内蒙古师范大学学报（自然科学汉文版），40（5）：518－521.

韩雪梅，徐岩，等. 2002. 134 种植物害虫的寄主与扩散分析［J］. 植物检疫，16（6）：331－335.

韩雪梅，徐岩，等. 2002. 全球植物害虫分布状况统计及分析［J］. 植物检疫，16（4）：204－207.

韩召军. 2008. 园艺昆虫学［M］. 第 2 版. 北京：中国农业大学出版社. 176－180.

李媛媛，安立伟，张家禄. 2010. 我国蒙新区草盲蝽复合组昆虫记述［J］. 内蒙古民族大学学报（自然科学版），25（4）：402－404.

李媛媛，石凯，德力格尔. 2016a. 蒙新区草盲蝽复合组昆虫区系初步分析［J］. 环境昆虫学报，38（4）：792－797.

李媛媛，石凯，德力格尔. 2016b. 内蒙古草盲蝽复合组昆虫群落结构及区系［J］. 浙江农业学报，28（9）：1 558－1 563.

李媛媛，石凯，德力格尔. 2016c. 内蒙古草盲蝽属昆虫多样性及区系的初步研究［J］. 东北农业科学，41（3）：51－56.

李媛媛，伟军. 2008. 内蒙古草盲蝽复合组昆虫及其分布特征（半翅目：盲蝽科）［J］. 内蒙古师范大学学报自然科学（蒙古文）版，29（1）：10－13.

李媛媛. 2008. 我国蒙新区草盲蝽复合组（*Lygus* complex）昆虫分类学初步研究［D］. 呼和浩特：内蒙古师范大学.

李照会. 2011. 园艺植物昆虫学［M］. 北京：中国农业出版社. 241－245.

刘凌云，郑光美. 1997. 普通动物学 [M]. 北京：高等教育出版社. 655 –656.

吕楠，王洪建. 1996. 甘肃省丽盲蝽属二新种（半翅目：盲蝽科）[J]. 动物分类学报，21（2）：205 –209.

吕楠，王义德. 1997. 丽盲蝽属一新种（半翅目：盲蝽科）[J]. 昆虫学报，4：232 –237.

吕楠，郑乐怡. 1995. 中国盲蝽科新纪录种（半翅目：盲蝽科）[J]. 动物分类学报，20（2）：231.

马耀. 1991. 内蒙古草地昆虫 [M]. 北京：天则出版社. 17 –33.

南开大学等五校合. 1980. 昆虫学 [M]. 人民教育出版社. 61 – 64, 123 –138.

能乃扎布，齐宝瑛. 1987. 内蒙古蝽科昆虫的区系分析 [J]. 内蒙古师范大学学报（自然科学版），14（3）：22 –31.

能乃扎布. 1988. 内蒙古昆虫志半翅目 – 异翅亚目（第一卷第一册）[M]. 呼和浩特：内蒙古人民出版社. 11 –14.

能乃扎布. 1999. 内蒙古昆虫 [M]. 呼和浩特：内蒙古人民出版社. 58 –59.

齐宝瑛，能乃扎布，等. 1994. 我国北方盲蝽科昆虫记述（一）（半翅目：异翅亚目） [J]. 内蒙古师大学报（自然科学汉文版），4：57 –64.

齐宝瑛，能乃扎布，照日格图. 1997. 内蒙古西部荒漠半翅目昆虫多样性及区系研究 [J]. 内蒙古师范大学学报（自然科学版），3：56 –64.

齐宝瑛，能乃扎布. 1995. 内蒙古天敌半翅目昆虫资源的初步研究. 资源环境与持续发展战略 [M]. 北京：中国环境出版社. 156 –160.

齐宝瑛，照日格图. 1995. 中国北方盲蝽科昆虫资源的研究 [J]. 内蒙古首届青年学术年会论文集，85 –90.

齐宝瑛，郑哲民，等. 2004. 后丽盲蝽属作为属级分类单元的 DNA 分子证据 [J]. 动物学研究，25（6）：515 –521.

齐宝瑛，郑哲民. 2003. 盲蝽科昆虫的分类系统概述 [J]. 昆虫知识，40（2）：101 –107.

齐宝瑛，周志敏. 1994. 蒙新区网蜷科昆虫国内新纪录种及分布（半翅目：异翅亚目：网蝽.

齐宝瑛. 1993. 内蒙古草盲蝽属昆虫的外生殖器特征记要 [J]. 内蒙古师

大学报（自然科学汉文版），4（增刊）：1－6.
钦俊德. 2000. 昆虫学名词［M］. 北京科学出版社. 1－32.
任国栋，于有志，杨秀娟. 2000. 中国蒙新区已知拟步甲（鞘翅目）幼虫目录［J］. 河北大学学报（自然科学版），20：1－10.
石凯，安瑞军，李媛媛. 2013. 内蒙古合垫盲蝽多样性的初步研究［J］. 广东农业科学，11：69－72.
汤建国，李林新，等. 2006. 中国棉盲蝽种类及地理分布的研究概述［J］. 江西棉花，28（4）：3－5.
唐燕平，王天云，等. 2002. 安徽省草坪害虫种类调查及发生趋势分析［J］. 安徽农业科学，30（2）：179－181.
汪兴鉴，郑乐怡. 1983. 福建省丽盲蝽属 *Apolygus* 亚属三新种［J］. 武夷科学，2：118－123.
王宁，那日苏，秦艳，等. 2009. 我国蒙新区牧草中网蝽科昆虫的寄生情况［J］. 草业科学，26（9）：212－215.
王义凤，等. 1979. 内蒙古自治区的植被地带特征［J］. 植物学报，21（3）：274－283.
吴福桢. 1990. 中国农业百科全书（昆虫卷）［M］. 北京：中国农业出版社. 147.
吴伟坚，余金咏，梁广文. 2003. 盲蝽科昆虫的食性［J］. 昆虫知识，40（2）：101－107.
仵均祥. 2002. 农业昆虫学（北方本）［M］. 北京：中国农业出版社. 154－158.
仵均祥. 2009. 农业昆虫学（北方本）［M］. 第 2 版. 北京：中国农业出版社. 223－226.
武三安. 2006. 园林植物病虫害防治［M］. 第 2 版. 北京：中国林业出版社. 277－279.
杨贵军，于有志. 2005. 蒙新区漠甲亚科 7 种幼虫的记述（鞘翅目：拟步甲科）［J］. 宁夏大学学报（自然科学版），26（1）：59－63.
于有志，任国栋，于利子. 2000. 蒙新区四种拟步甲幼虫记述（鞘翅目：拟步甲科）［J］. 河北大学学报（自然科学版），20：63－67.
袁锋. 2001. 农业昆虫学［M］. 北京：中国农业出版社. 334－339.
张荣祖. 1999. 中国动物地理［M］. 北京：科学出版社. 1－502.
照日格图，能乃扎布. 1995. 中国蒙新区土蜻科一新种及四新纪录（半翅目：土蝽科）［J］. 动物学研究，16（3）：219－221.

郑乐怡，刘国卿，吕楠，等. 2004. 中国动物志（昆虫纲第三十三卷半翅目盲蝽科盲蝽亚科）［M］. 北京：科学出版社. 1－502.

郑乐怡，汪兴鉴. 1982. 丽盲蝽属的新种［J］. 昆虫分类学报，5（1）：47－59.

郑乐怡，汪兴鉴. 1983. 中国丽盲蝽属 *Apolygus* 亚属新种及新纪录（半翅目：盲蝽科）［J］. 动物分类学报，8（4）：422－433.

郑乐怡，于超. 1992. 草盲蝽属中国种类记要（半翅目：盲蝽科）［J］. 动物分类学报，17（3）：352－359.

郑乐怡. 1987. 动物分类原理与方法［M］. 北京：高教出版社. 1－192.

中国科学院《中国自然地理》编委会. 1979. 中国自然地理［M］. 北京：科学出版社. 71－80.

中国科学院动物研究所. 1986. 中国农业昆虫（上册）［M］. 北京：农业出版社. 399－400.

中国自然区划工作委员会. 1959. 中国动物地理区划与中国昆虫地理区划（初稿）［M］. 北京：科学出版社. 1－64.

訾冬梅，等. 2006. 内蒙古自治区地图册［M］. 北京：中国地图出版社.

Aglyamzyanov R. S. 1990. Review of species of the genus *Lygus* in the fauna of Mongolia，I［J］. Insects of Mongolia，11：25－39.

Aglyamzyanov R. S. 1994. Review of species of the genus *Lygus* in the fauna of Mongolia，II（Heteroptera：Miridae）［J］. Zoosystematica Rossica，3（1）：69－74.

Aglyamzyanov R. S. 2003. Synonymy of two *Lygus* species from Inner Mongolia（Heteroptera：Miridae）［J］. Zoosystematica Rossica，11（2）：326.

Aglyamzyanov R. S. 2006. On the taxonomic status of Lygus israelensis Linnavuori，1962（Heteroptera：Miridae）［J］. Zoosystematica Rossica，14（2）：211－212.

Carvalho J. C. M. 1955. Key to the genuer of Miridae of the World（Hemiptera）［M］. Bol. Mus. Goeldi-Tomo，XI（II）：68－78.

Demchenko，N. Yu. 2004. *Lygus adspersus*（Schilling，1837）is a synonym of *L. gemellatus*（Herrich-Schaeffer，1835）（Heteroptera：Miridae）［J］. Zoosystematica Rossica，12（2）：225－226.

E. Wagneret H. H. Weber. 1964. Faune de France 67 Hétéroptères Miridae

[M]. Fédération Francaise des Sociétés de Sciences Naturelles 57. Rue Cuvier. Paris-V^{e}: 197 – 211.

José C. M. Carvalho. 1959. Catalogue of the Miridae of the World. Part Ⅳ, subfamily Mirinae [M]. Riode Janeiro: 114 – 157.

Josifov M. & Kerzhner I. M. 1972. Heteroptera aus Korea. I. Teil (Ochteridae, Gerridae, Saldidae, Nabidae, Anthocoridae, Miridaae, Tingidae und Reduviidae) [J]. Annales Zoologici, 25 (4): 11 – 16.

Josifov M. & Kerzhner I. M. 1972. Heteroptera aus Korea. I. Teil [J]. Ann. zool (Warszawa), 29 (6): 147 – 180.

Josifov M. 1985. *Lygocoris*(*Arbolygus*) kerzhneri sp. n. -eine neue ostpaläarktische Miridenart(Heteroptera)[J]. Reichenbachia, 23(16): 91 – 93.

Josifov M. 1992. Eine neue *Lygus*-Artaus Tadzhikistan (Insecta, Heteroptera: Miridae) [J]. Reichenbachia, 29: 5 – 8.

Josifov M. 1992. Neue Miriden aus Korea (Insecta, Heteroptera) [J]. Reichenbachia, 29 (20): 105 – 111.

Kai Shi, Yuanyuan Li, Changhua Bao. 2015. Study on Specie Diversity, Zoogeographical Distribution and Ecological Properties of the Miridae (Hemiptera) Family in the Hulun Buir City, Inner Mongolia of China [J]. *International Proceedings of Chemical, Biological and Environmental Engineering*, Vol. 91 (2015): 43 – 47.

Kai Shi, Yuanyuan Li, Yanqin Zhao. 2015. Study on distributional pattern and funistic composition of the Miridae (Hemiptera) family in the Hulun Buir City, Inner Mongolia of China [J]. *Proceedings of the* 2015 3rd *International Conference on Advance in Energy and Environmental Science.*

Kelton, L. A. 1955a. Genera and subgenera of the *Lygus* complex (Heteroptera: Miridae) [J]. Canadian Entomologist, 87: 277 – 301.

Kerzhner M. 1964. key to the insect of European part of USSR [M]. Moskow-Leningrad: 700 – 765.

Kerzhner M. 1988. Key to insects from Soviet Far East [M]. Leningrad, 2: 779 – 835.

Kerzhner, Josifov. 1999. Catalogue of the Heteroptera of the Palaearctic Region. Volume 3, Cimicomorpha Ⅱ, Miridae [M]. The Netherlands Entomological Society: 62 – 123.

Kerzhner. 1972a. New and little known Heteroptera from the Far East of the USSR [J]. Trudy Zool. Inst. Akad. Nauk SSSR, 52: 276 - 295. [In Russian].

Lu, N., H. J. Wang. 1997. A new species of the genus *Lygocoris* Reuter from Gansu, China (Heteroptera: Miridae) [J]. Acta Entomologica Sinica, 40 (4): 402 - 405.

Lu, N., L. Y. Zheng. 1996. New species of genus *Lygocoris* Reuter from China (Insecta: Heteroptera: Miridae) [J]. Reichenbachia, 31 (24): 131 - 137.

Lu, N., L. Y. Zheng. 1997. Four new species of the genus *Apolygus* China from China (Insecta: Heteroptera: Miridae) [J]. Acta Zootaxonomica Sinica, 22 (2): 162 - 168.

Lu, N., L. Y. Zheng. 1998a. A taxonomic study on the genus *Arbolygus* (Heteroptera: Miridae) from China [J]. Entomotaxonomia, 20 (2): 79 - 96.

Lu, N., L. Y. Zheng. 1998b. New species of the genus *Lygocoris* (subgenus *Neolygus*) from China (Heteroptera: Miridae) [J]. Entomologische Berichten Amisterdam, 58 (1): 1 - 10.

Lu, N., L. Y. Zheng. 1998c. Identity of some '*Lygus*' species described from Taiwan by B. Poppius (Heteroptera: Miridae) [J]. Tijdschrift Voor Entomologie, 140: 185 - 189.

Lu, N., L. Y. Zheng. 2001. Review of Chinese species of *Lygocoris* (subg. *Lygocoris*) Reuter (Heteroptera: Miridae: Mirinae) [J]. Acta Zootaxonomica Sinica, 26 (2): 121 - 153.

Lu, N., T. Yasunaga. 1994. Two new species of the subgenus *Neolygus* Knight of the genus *Lygocoris* Reuter from China (Heteroptera: Miridae) [J]. Bulletin of the Biogeographyical Society of Japan, 49 (2): 99 - 103.

M. D. Schwartz, I. M. Kerzhner. 1996. Type specimens and identity of some Chinese species of the "*Lygus* complex" (Heteroptera: Miridae) [J]. Zoosystematica Rossica, 5 (2): 249 - 256.

Qi Baoying, Nonnaizab. 1993. Notes on the leaf bugs of *Lygus* Hahn (Insecta: Hemiptera: Heteroptera: Miridae) from Inner Mongolia, China [J].

Yushania, 10: 61 -71.

Qi Baoying, Schaefer C. W., Nonnaizab, Zheng Zhemin. 2003. Miridae (Heteroptera) recorded from China since the 1995 World Catalog by R. T. Schuh [J]. Proc. Entomol. Soc. Wash, 105 (2): 425 -440.

Schuh. 1995. Plant bugs of the World (Insect: Heteroptera: Miridae) Systemetic Catalog, Distributions, Host List, and Bibliography [M]. The New York Entomological Society: 685 -859.

Schwartz M. D., R. G. Foottit. 1998. Revision of the nearctic species of the genus *Lygus* Hahn, with a review of the palaearctic species (Heteroptera: Miridae) [M]. Associated Publishers, Gainsville: 1 -428.

Tomohide Yasunaga, Michael D. Schwartz, Frederic Cherot. 2002. New Genera, Species, Synonymies, and Combinations in the "*Lygus* Complex" from Japan, with Discussion on Peltidolygus Poppius and Warrisia Carvalho (Heteroptera: Miridae: Mirinae) [J]. American museum novitiates. No 3378: 1 -27.

Wagner E. 1950. Die Artberechtigung von *Lygus maritimus* E. Wagn. (Hem. Het. Miridae) [J]. Entomol. Bet, 13: 87 -90.

Wagner E. 1951. Contributo alla conoscenza della Fauna Emitterologica Italiana: Enine neue Lygus-Art aus Italien (Hem. Het. Miridae) [J]. Boll. Ass. Rom. Entomol, 6 (3): 1 -3.

Wagner E. 1954. Neuer beitrag zur systematic der gattung Lygus Hhn. (Hem. Het., Miridae) [J]. Acta. Ent. Mus. Nat, 29 (434): 149 -158.

Wagner E., J. A. Slater. 1952. Concerning some Holarctic miridae (Hemiptera, Heteroptera) [J]. Proceedings of the entomological society of Washington, 54 (6): 273 -281.

Yasunaga T. 1991a. A revision of the plant bug, genus *Lygocoris* Reuter from Japan, Part Ⅰ (Heteroptera, Miridae, *Lygus*-complex) [J]. Japanese Journal of Entomology, 59 (2): 435 -448.

Yasunaga T. 1991b. A revision of the plant bug, genus *Lygocoris* Reuter from Japan, Part Ⅱ (Heteroptera, Miridae, *Lygus*-complex) [J]. Japanese Journal of Entomology, 59 (3): 593 -609.

Yasunaga T. 1991c. A revision of the plant bug, genus *Lygocoris* Reuter from

Japan, Part Ⅲ (Heteroptera, Miridae, *Lygus*-complex) [J]. Japanese Journal of Entomology, 59 (4): 717 - 733.

Yasunaga T. 1992a. A revision of the plant bug, genus *Lygocoris* Reuter from Japan, Part Ⅳ (Heteroptera, Miridae, *Lygus*-complex) [J]. Japanese Journal of Entomology, 60 (1): 10 - 25.

Yasunaga T. 1992b. A revision of the plant bug, genus *Lygocoris* Reuter from Japan, Part Ⅴ (Heteroptera, Miridae, *Lygus*-complex) [J]. Japanese Journal of Entomology, 60 (2): 291 - 304.

Yasunaga T. 1992c. A revision of the plant bug, genus *Lygocoris* Reuter from Japan, Part Ⅵ (Heteroptera, Miridae, *Lygus*-complex) [J]. Japanese Journal of Entomology, 60 (3): 521 - 537.

Zheng, L. Y. 1995. A list of the Miridae (Heteroptera) recorded from China since J. C. M. Carvalho's "World Catalogue" [J]. Proceedings of Entomological Society of Washington, 97 (2): 458 - 473.

Zheng, L. Y., Yu, C. 1990. A new genus of the *Lygus* Complex from China, with description of six new species (Heteroptera: Miridae) [J]. Entomologica Scandinavica, 21 (2): 159 - 171.

Н. Н. ВNНОКУРОВ, Е. В. КАНЮКОВА. 1995. ПОЛуЖЕСТКОРЫЛЫЕ НАСЕКОМЫЕ (Heteroptera) СИБИРИ [М]. НАУКΛ: 88 - 91.

В ЩЕСТИ ТОМАХ. 1988. ОПРЕДЕЛИТЕЛЬ НАСЕКОМЫХ ДАЛЪНЕГО ВОСТОКА СССР Ⅱ [М]. ЛЕННNГРАД: 800 - 812.

И. М. Кержнер. 1987. НОВЫЕ И МАЛОИЗВЕСТНЫЕ ПОЛУЖЕСТКОКРЫЛЫЕ НАСЕКОМЫЕ С ДАЛЬНЕГО ВОСТОКА СССР [М]. ВЛладивосток: 15 - 31.

中名索引

X

Y

Z

学名索引

A

H

L

N